# 极简博弈论

希文 主编

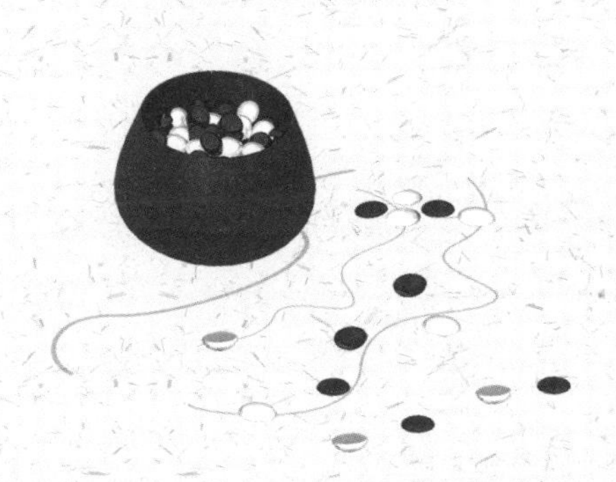

中华工商联合出版社

**图书在版编目（CIP）数据**

极简博弈论 / 希文主编． -- 北京：中华工商联合出版社，2021.1
ISBN 978-7-5158-2944-9

Ⅰ．①极…　Ⅱ．①希…　Ⅲ．①博弈论　Ⅳ．①O225

中国版本图书馆 CIP 数据核字（2020）第 235850 号

**极简博弈论**

---

**主　　编：**希　文
**出 品 人：**李　梁
**责任编辑：**吕　莺
**装帧设计：**星客月客动漫设计有限公司
**责任审读：**傅德华
**责任印制：**迈致红
**出版发行：**中华工商联合出版社有限责任公司
**印　　刷：**河北文盛印刷有限公司
**版　　次：**2021 年 4 月第 1 版
**印　　次：**2024 年 1 月第 2 次印刷
**开　　本：**710mm × 1000 mm　1/16
**字　　数：**225 千字
**印　　张：**13.75
**书　　号：**ISBN 978-7-5158-2944-9
**定　　价：**68.00 元

---

**服务热线：**010-58301130-0（前台）
**销售热线：**010-58302977（网店部）
010-58302166（门店部）
010-58302837（馆配部、新媒体部）
010-58302813（团购部）
**地址邮编：**北京市西城区西环广场 A 座
19-20 层，100044
http://www.chgslcbs.cn
**投稿热线：**010-58302907（总编室）
**投稿邮箱：**1621239583@qq.com

# 前言

博弈论是一种“游戏理论”。其定义是：一些个人、团队或其他组织，面对一定的环境条件，在一定的规则约束下，依靠所掌握的信息，同时或先后，一次或多次，对各自允许选择的行为或策略进行选择并加以实施，并从中各自取得相应结果或收益的过程。

通俗地讲，博弈是指在游戏中的一种选择策略，博弈的英文为 game，我们一般将它翻译成“游戏”。而在西方，game 的意义即是人们遵循一定规则的活动，而进行活动的人的目的是让自己“赢”。那么，怎样使自己赢呢？这不但要考虑策略，还要考虑其他人的选择。

比如，你去上班有 ABC 三条路，昨天走 A 非常堵车，今天你会选择哪一条？你可以选择走不太堵的 B，也可选 C，但其他人也可能选择 B 或 C——结果导致 B 或 C 更堵。……

生活中博弈的案例很多，只要涉及人群的互动，就有博弈。博弈论本是数学的一个分支，目前已演变为一种方法论，在社会科学上应用极为广泛，应用范围包括：经济学、政治学、军事、外交、国际关系、公共选择及企业管理等。

经济学家花了很多工夫思考人们在博弈中应该采取的策略，而这些构成博弈论的观念也影响了生意人、军事战略家，甚至是生物学家的想法。不懂博弈论的人在和这些人“过招”时，很容易在战术上居于下风。

本书是一门适合普通大众阅读的读物，是总结和归纳近年来对博弈论的最新研究成果而形成的，是现代管理学与博弈论交叉融合发展的结果。

本书没有复杂的计算与图表，深入浅出、简单实用是本书最大的特点，它可以让您在最短的时间内对博弈论有一个清晰的理解，并为你带来智慧的启迪。

# 目录

## 第七章 利益博弈，合作为先



## 第八章 “斗鸡博弈”，置之死地而后生



## 第九章 用囚徒困境保护自己的利益



## 第十章 鹰鸽博弈：事物的进化源自路径依赖

## 第十一章　重复博弈，制约对手的硬招



## 第十二章　做大平台，实现多级跨越

第一章

# 人生在世，无不博弈

人的一生，可以看作是永不停息的决策过程。选择什么专业、报考什么学校、从事什么样的工作、怎样开展一项研究、如何打理生意、该和谁合作、做不做兼职、要不要换工作，甚至是要不要结婚、什么时候结婚、该和谁结婚、要不要孩子等，这些都需要人做出决策。

决策出现在生活的各个细节里：几点起床，要不要吃饭、购物、健身，甚至读一本书，不管是有意还是无意，是深思熟虑或一时冲动，你已经做了某个事——这就是一个决策。

在决策过程中，存在一个共同的因素，那就是你并不是在一个毫无干扰的真空世界里做决定。相反，你的身边充斥着和你一样的决策者，他们的选择与你的选择相互作用、相互影响。这种互动关系就是一种博弈。鲁滨逊一个人沦落荒岛，做什么都是他自己说了算，可是等来了个野人“星期五”之后，他就不得不面对人与人博弈的问题了。博弈论其实就是一种策略思考，通过策略推估，寻求自己的最大胜算或利益，从而在竞争中求生存。

在人与人的博弈中，你必须意识到，你的商业对手、未来伴侣乃至你的孩子都是理性而有主见的人，是关心自我实现与满足的活生生的人，而不是被动和中立的角色。一方面，他们的目标常常与你的目标发生冲突，另一方面，他们当中包含着潜在的合作因素。在你作出决定的时候，必须将这些冲突考虑在内，同时注意发挥合作因素的作用。

博弈论探讨的就是聪明又自利的“局中人”如何采取行动及与对手互动的问题。作为管理者，要通过制定规则以谋求最大胜算，作为博弈者，最佳策略是最大程度地利用游戏规则。人生是由一局接一局的博弈所组成的，你我皆在其中竞相争取高分。

## 博弈是人类的游戏

博弈在英语中的原意就是游戏的意思，博弈论如果直译就是“游戏理论”。不妨说，博弈论是通过“玩游戏”获得人生竞争知识的。

有些人在打牌时会为了区区几块钱的赌注，表现得好像是在从事一件什么了不起的大事，钩心斗角，大呼小叫，甚至丧失牌场风度，失和气。

打牌的人常常感叹：牌局如世事。争强好胜是人的天性，也是人们痴迷于各式各样的争胜游戏或赌局最深刻的原因。三明治伯爵发明以他自己的名字命名的点心，是为了进餐时可以不离开赌桌。即使乔治·华盛顿这样伟大的人物，在美国大革命时，竟然也在自己的帐篷里开设赌局。

人生充满博弈。不论在生活中还是在工作中，不论是你与他人、你与社会还是你与自然之间时时刻刻都面临着博弈。博弈的过程既是较量的过程也是选择的过程，特别是在人与人的博弈中，你与他们既是一场智慧的较量，互为攻守却又相互制约。你的合作伙伴、未来的伴侣乃至你的孩子都是既与你有一定的利益联系同时又会有矛盾冲突的人，因为他们有自己的选择方式。有时，养育孩子的过程也需要博弈。

早晨，等你手忙脚乱地做好早餐，把孩子从被窝里拽出来时，是否有这样的场面：

“宝贝，快点，该去幼儿园了！快起床，妈妈给你做了你最喜欢吃的蒸蛋糕。”谁知，你的宝贝儿子非但不领情，反而抗议道：“我才不吃那破玩意儿呢！你让我吃冰激凌我就起床。”

这可是大冬天哪！这时，爸爸大喝一声：“不准吃！这么冷的天找病啊你？”

孩子“哇”的一声哭了，反而缩进被窝里，看来哄孩子上幼儿园又要费功夫了。

这时，父母就面临着和孩子之间的博弈。此时，怎么办呢？如果你不答应孩子的请求，孩子就会闹；可是，如果答应孩子，吃冰激凌生病了又是个问题。

这时很明显，对孩子来硬的是不行的。此时，你或许应变个说法："乖，不哭，吃完蛋糕就让你吃冰激凌。"然而，孩子不听。于是父母只得让步："吃一半蛋糕就让你吃冰激凌。"这样，孩子起来开始吃蛋糕了。

但父母还有自己的主意——吃完蛋糕后让孩子喝奶，那样孩子就不能吃冰激凌了。孩子发现了父母的企图，抗议道："你们要是骗人，明天早晨我不吃饭。"于是，父母只能再次和他交涉："你不是怕打针吗？这么冷的天，冰激凌吃多了会肚子痛。那样，幼儿园阿姨会把你送医院打针的。"

这一招很见效，因为穿白大褂的医生往往是孩子最害怕的。于是孩子沉默了一会儿，伸出小手说："那拉钩吧？让我一星期吃一次冰激凌。"至此，皆大欢喜，家庭问题解决了，孩子按父母要求做然后上幼儿园了，父母可以安心去上班了。

由此可见，在社会生活中，博弈可以说无处不在。小小的家庭中每天也在上演着儿女和父母之间的博弈。小孩子从一生下来似乎就懂得了和家长的博弈。

家庭间存在着博弈，在社会生活中，博弈更是无处不在。

多年前，名作家梁实秋回到台北安度晚年。旧日的朋友得到消息后，一个接一个地请他吃饭，使他应接不暇。更糟糕的是，那些朋友都是"夜猫子"，每天都是深夜十二点请他吃夜宵。而梁实秋偏偏是出了名的早起早睡的人。这下，他的生活规律全部被打乱了。

虽然梁实秋不情愿，但碍于朋友的情面也不能发火。怎样才能改变自己在"博弈"中的被动局面呢？

一次，又有一个朋友请他来聚会，梁实秋欣然答应了。在席间，他抢先对大家宣布："下次谁请我吃夜宵，我就回请他吃早点。"这一句话，一下子使那些老朋友们面面相觑，又忽而大笑起来。从此以后，再也没人敢深夜请梁实秋吃夜宵了。

运用博弈的艺术要运用得好。不论是在家庭还是在社会上，每个人都是博弈中的一员，正所谓无时无刻不博弈。

因为博弈的主体是人，人在掌握和操控着博弈的进程和结局。当多方博弈时，利害双方更应该平等协商，达成共识。

某市出租车罢运，这是出租车司机和出租车管理机关和出租车公司乃至和市民之间的一种博弈。出租车司机认为收入被不断盘剥、生活越来越困难，虽然事出有因。可是因为罢运，却造成市民出行受阻。市民成为罢运的最直接受害者。

司机们难道只有通过制造这类群体性事件才能实现诉求吗？为什么出租车管理机关、出租车公司、司机三方不能通过平等对话来解决呢？当然最终这起群体性事件通过协商解决了问题，但是，终究对社会产生了不好的影响，也损害了民众的利益。对出租司机来说，虽然出租车管理机关有了新的改进措施，也解决了司机们的困难，但是两天罢运所造成的损失谁又能给市民弥补呢？

人与人之间、个体与集体之间都存在着博弈。有博弈出现就会有博弈的智慧产生，这种智慧就是解决问题的手段和方法。当矛盾和问题得以解决后，博弈各方就会通过增加了解，使得沟通更加顺畅。从这个角度来看，博弈并非坏事。

人类最有趣的行为大概就是竞争了，而研究对抗之道的博弈论，即是在说明理性又自利的人要怎么样才能压倒他方来取得优势。

在博弈论中，参赛者往往是先考虑别人可能会怎么做，再采取行动的，但是，要是你的做法是以对手的可能动向为依据，那么，相同的，他们在行动时，也会考虑到你将会怎么做，所以在某种程度上，你的做法其实是建立在你觉得对手觉得你会怎么做的基础上！

## 博弈是进化的文明

既然有利益之争，就需要博弈。为了让利益往好的方向发展，为了争取自己的利益最大化，人们就会运用自己的智慧来博弈。

拿最简单的聚会就餐来说，如果第一次是你买单，你并不会计较，但如果永远都是由你买单那你就会有所不满。因为你损失的超出了你的心理承受范围，必然会推辞以后不参加那样的聚会。或者即便参加，也会表达自己的意见，改变让自己买单的方式。这就是较量和博弈，因为你要让自己的利益不受损失，并且争取最大化的利益。

有些人认为，既然要争取一方的利益最大化，那么，在资源有限的情况下，他人的利益肯定要受到损害。在这种思想的支配下，在与他人的交往中，必定会把他人看成妨碍自己利益最大化的对手，处处防范，加以抵制。在企业的经营中，竞争者们也会大打价格战，把其他企业置于死地。但这种都是一些错误的博弈做法。

一般来说，人与人之间的利害关系可分为四种：利人利己、损人利己、损己利人、损人损己。从经济学的角度来看，损人利己与损己利人是同时发生的。如果有一个人在损己利人，必然相对应的就有另外一个人在损人利己，反过来也是一样的道理。结果就是，损人利己与损己利人在某种程度上是一个意思。

虽然，人都是有趋利的一面的，但博弈不是你死我活的红海厮杀，更不是热血冲动的产物，也不是为产生你输我赢或者我输他赢的结局。博弈是一种为了利益进行的理性的较量，是通过发挥各自的聪明才智让双方利益最大化的过程，这是博弈的真谛。因此，利己的同时，还应该看看自己的行为会不会给他人、集体、国家带来损害。在“趋利”的同时，更要做到避害，千万不要做那些利己不成反损己的傻事。

在17—18世纪，英国的很多犯人被送到澳洲，即现在的澳大利亚。

怎样送去的？用船。由政府付费，私营船主运输。但初期只有40%的人能活着到达澳洲，而后期则有95%的人活着到达，政府所付费用并没有增加，但是付费的方式发生了变化，致使活着的人多了起来。

起初是按照上船时犯人的人头政府给私营船主付费。私营船主为了牟取暴利，便不顾犯人死活。每船运送人数过多，造成生存环境恶劣，加之船主克扣犯人的食物，囤积起来以便到达目的地后卖钱，使大量的犯人在中途死去。更为严重的是，有的船主甚至把犯人活活地丢进大海中。英国政府极力想降低犯人的死亡率，但遇到两大难题：如果加强医疗措施，多发食物改善营养，就会增加运输成本，同时也无法抑制船主的谋利私欲；如果在船上增派管理人员监视船主，又增加了政府开支，也难以保证派去的监管人员在暴利的引诱下不与船主进行合谋。

怎么办？最后英国政府制定了一个新的办法和制度。他们规定，按照到达澳洲活着下船的犯人的人头付费。这样一来私营船主绞尽脑汁、千方百计让更多的犯人活着到达目的地。运往澳洲犯人的死亡率降低，有时最低到1%，而在此制度实施之前的最高死亡率竟曾达到94%。

人性不是本善，也非本恶。博弈不一定是坏事，也未必不能取得好的结果。人类今天享受的文明，很大程度上是来源于博弈的结果。

亚当·斯密在1776年所发表的经典之作《国富论》中关于自私行为与市场运作的两段，已经成为经济学上最经典的名言：

“很多时候，一个人会需要兄弟朋友的帮助，但假如他真的要依靠他们的仁慈之心，他将会失望。倘若在需求中他能引起对方的利己之心，从而证明帮助他人是对自己有益的事，那么这个人的成功机会较大。任何人向他人提出任何形式的交易建议，都是这样想：给我所需要的，我就会给你所需要的——这是每一个交易建议的含义，而我们从这种互利的办法中，所获的会比我们所需要的更多。我们的晚餐不是得自屠夫、酿酒商人，或面包师傅的仁慈之心，而是因为他们对自己的利益特别关注。我们认为他们给我们供应，并非行善，而是为了他们的自利。

每个人都会尽其所能，运用自己的资本来争取最大的利益。一般而言，人不会有意图为公众服务，也不自知对社会有什么贡献。人关心的仅是自己的安全、自己的利益。但如此一来，就好像被一只无形之手引领，在不自觉中对社会的改进尽力而为。而在一般的情形下，一个人为求私利而无心对社会作出贡献，其对社会的贡献远比有意图作出的大得多。”

可见，因为有了博弈，人呈现出善良的一面，也正是因为有了博弈，人类才有了今天的文明。

## 学会与竞争对手共存

在博弈论中，其前提假设是大多数的人只关心自己，这也是人之常情。在博弈论的世界里没有仁慈或怜悯，只有一己之利。

比如在劳资博弈中，有的是为了争取加薪，有的则是为了确保员工能在工作上全力以赴。老板绝对不会无条件地为员工加薪。只有让老板相信，给员工更多的钱对自己有好处，员工才能得到加薪。

博弈论的逻辑是经常迫使自私的人携手合作，甚至互相待之以忠诚与尊重。

人的本性是自私的，不管做什么，每个人都想从做事中获得最大的利益。不合作有时虽然能在短时间里让自己获利，但定会影响长期利益。在社会分工越来越细的情况下，合作是人类不可或缺的生存方式。在合作的舞台中，个人的力量是渺小的，也是微不足道的，谁孤立谁就会失败；而善于合作，则是博弈成功的关键。

一位少年养了两只狗。一只捕食的能力强，一只稍微差一点。暑假中，少年认真地研究了这两只狗的习性，发现一只狗在捕猎时喜欢一个劲地狂吠，但不敢向前冲；而另一只则一声不吭，只管往前冲。这个少年想让这两只狗比赛一下。看谁捕食得多，谁得到的奖励也就多。

于是，他将能力强的狗放在东边山头上捕猎，而将能力弱的狗放在西边山头上捕猎。结果，一个小时、两个小时都过去了，出乎他意料的是，两只狗都一无所获。即便是能力强的那只，也连只兔子都没逮到。少年挠着头大惑不解。

这时父亲哈哈大笑着走过来，对儿子说："孩子，你不明白，两只狗在合作中，会叫的可能多出了一些力气，但它们一旦分开，则往往一事无成。因为在捕猎时一般都需要一只狗叫唤，当猎物吓得失去了方向不知所措时，另一只狗才能不动声色地绕到猎物的身后将其捕获啊。"少年此时恍然大悟。

人生如同战场，残酷而艰难。每个人都不是三头六臂，你个人不可能有太多的精力。你在此方面是天才，可能在彼方面却不太灵，你在此领域呼风唤雨，却可能在彼领域寸步难行。一个巴掌拍不响，只有众人拾柴才能火焰高。小到一个家庭，大到一个国家都是这样，合作无处不在。社会发展唯一不变的就是合作。

微软公司和苹果公司一直是计算机市场上的重量级拳王，互为对手，在市场竞争中斗智斗勇，各逞风流。

20世纪90年代初，苹果公司因经营不善，过着度日如年的苦日子。昔日的王者风范已经消失殆尽，只差一步就要被淘汰出局。此时，微软公司若再出重拳，肯定会把苹果公司逼上绝路。然而，就在这时，计算机界忽然传出一则惊人的消息：微软公司决定慷慨解囊，向陷入危机的苹果公司注入资金1.5亿美元，拉苹果公司一把。

微软公司此举，让苹果公司深感意外，在竞争如此激烈的商战中，真有雪中送炭的救世主吗？当然不是。微软公司的钱可不是白花的，它有自己的打算。

微软公司深知，苹果公司尽管目前元气大伤，窘境连连，可是它潜在的实力却不可低估。如果苹果公司与其他大软件公司合作，它们一旦取得某种突破，势必会造成一定的市场冲击，影响到微软公司的经营业绩。目前，由于微软公司实力大大超过苹果公司，在合作中它可以左右局势，掌握一切，根本不必担心受到苹果公司的牵制。

此外，在网上浏览器方面，当初微软公司因判断慢了半拍，让网景公司捷足先登，占了大部分市场。微软公司对此一直向夺回自己在网络方面的优势。如果通过与苹果公司联手，微软公司可以将自己生产的因特网浏览器装在每一台苹果电脑的包装盒里，原先用户如欲用网景浏览器，就得自己去买软件，自己安装，极不方便。但和苹果的合作，会使自己的浏览器增加了竞争获胜的筹码。

一箭双雕，这就是博弈论在与对手竞争、合作中体现出的智慧。

第二章

# 改变思维才能赢

人脑本来就是一个制造模式的系统，它依赖于早年形成的模式，所以人们最易产生趋向习惯。殊不知，有时候，这种惯性，会把人们拘禁于一个谨小慎微的牢笼之中。而在博弈中，思维定式决定输赢。

很多人在人生的博弈中难以成功，就是因为他们的思维建立在以往经验和知识基础之上，形成了心理定式，结果这种直线定式成了人们行动的障碍。

《易经·系辞》中说："曲成万物而不遗。"说明任何事物的发展都不是一条直线，人生的博弈也不可能是直线，在某种意义上来说，人生的博弈也是曲折和"间接"的，"曲则全，枉则直。"有时，直接办不成的事情，如果走走他路反而可以走通。这就是曲线思维给人生博弈的启示。聪明的人在于看到直中之曲和曲中之直，并不失时机地把握事物迂回发展的规律，通过迂回应变，达到既定的目标。

## 思维定式决定博弈输赢

在人生的博弈中，一旦让一些惯有的思维定式左右了你，你就很容易处于被动地位，从而故步自封、因循守旧，墨守成规、抱残守缺。那样，不仅在合作中，即便在为人处世中也会处于不利的地位。

《笑林广记》中记载过这么一则笑话。

有个人去剃头，剃头匠给他剃得很草率。剃完后，这人不但什么也没说，反而付给剃头匠双倍的钱。剃头匠觉得此人阔绰大方，没费吹灰之力就赚了这么多，乐坏了。

一个多月后的一天，这人又来剃头。剃头匠为讨其欢心，想，既然草率剃头都能令他满意，那么周到细致肯定会赢得不菲的收入，于是，便竭力上心。谁知这次剃完头后，这人反而少给了剃头匠许多钱。

剃头匠不理解地问："上次我为您剃头，剃得很草率，您尚且给了我很多钱；今天我格外用心，为何反而少付钱呢？"这人不慌不忙地解释道："今天的剃头钱，上次我已经付给你了；今天给你的钱，正是上次的剃头费，以后我不会到你这来了。"说着大笑而去。

这个剃头师傅就是按照自己的思维方式来判断客户，他丝毫没有考虑客户的感受，甚至对客户的第一次阔绰出手很得意，以为自己占了天大的便宜，并且认为客户会和他一直合作下去，自己也会越赚越多。结果却事与愿违，很显然，在与客户的博弈中剃头师傅失败了。如果按照 250 的原则推算，他失去的会是和这个客户相关的许多客户。

看起来令人不可思议的事却能发生，看起来顺理成章的事情却偏偏不是现实。这就是人们受思维定式的影响所致。如果你的大脑中像剃头师傅一样有一种固定的思维模式，那很可能做事会走进一条死胡同。

而故事中的这位客户，却没有损失什么。因为他的思维是逆向的，超出常人的思维之外。

可见，思维在于多思多维，从思维的各个层面出发，对事物进行多方面、多角度、多因素的系统考察。若想很好地运用博弈论，应要注意设身处地地考虑问题，就是站在对方的立场上去思考，也就是我们通常情况下所说的换位思考。只有这样，我们才能了解对方有哪几种可能的策略以及采用哪一种策略的可能性最大，从而使自己作出正确的决策。

有个小伙子，是个出了名的杠子头。一天，下班后，他看到街上有一群人在围观什么，于是他便凑过去看。原来有一群人在打赌。

只听被围着的中间那个人说道："你们信不信，我敢用我的牙齿咬我的眼睛？"这个小伙子并不信，但好奇促使他走近想看个究竟。此时，那个打赌的人说："如果我赢了，你们可要出 100 元。谁敢打这个赌？"这个小伙子毫不犹豫地拿出 100 元说：“我来打，让他们作证。”

那个打赌的人把钱揣进了自己的口袋中。同时，取下右边的眼球送进嘴里就咬。原来，他的右眼是个玻璃义眼。

这个例子也许有些极端，但其中的启示在于，在博弈中要多思多维，不能一条直线地按照自己的判断去思考。当然，要多思多维需要增加知识，增长见识。

在高一的数学课中，老师让学生把六根火柴放在桌子上，组成四个等边三角形，许多学生认为无法做到。然而，老师却从立体三维空间的角度考虑，把六根火柴搭成一个正四面体，令学生们豁然开朗。原来问题那么简单。

人要想在博弈中取胜，就需要拥有新思路、新角度。看别人看不到的新角度，或者提别人没有提出的新见解。

在荷兰赌马中，就体现着一种独特的思维，比如以 1∶2 的赌注赌黑马赢，同时又以 1∶3 的赌注赌黑马输。如果黑马赢，会输掉一份赌注同时赢得两份赌注，最后还剩一份赌注；如果黑马输，会输掉一份赌注同时赢得三份赌注，最后还剩两份赌注，而无论黑马跑赢跑输下注的人都坐赢不输，这就叫荷兰赌。它给人们的启示是一个人可以从新的角度出发，与众不同的思维方式可以让死棋走活，绝地逢生。

所谓“道可道，非常道”，道路本是行走的，但有许多种走法。而独特的思维，不仅让自己永远与众不同，还能为成功的道路铺垫基石。

## 直线思维是死胡同

直线思维，顾名思义，就是用直线的方式来考虑问题。由于直线思维者视野局限，思路狭窄，会缺乏辩证性的思维方式。因此，虽然这种思维方式被认为可以最简洁的达到目的，但是如果外界环境变化了，还按照这种方式一直向前跑，无疑是不可行的。

儿童因为智力发育不成熟，常常会出现这种现象：一周岁的幼儿隔着窗户看外面阳台上的玩具，会一直伸手过去，想穿过窗户去拿到玩具。尽管妈妈一再说“这边过不去的，妈妈抱你从门口绕过去”，小孩子不听，非得摸着玻璃过去才肯罢休。小孩子不明白，这是隔着玻璃，虽然看得到，但要过去还得绕过去。这是典型的直线思维的表现。

直线思维的人，就是认准目标，要通过窗户过去的人，他们不知道世上很多事物是相互关联影响的。

如果说婴幼儿智力发育不成熟，思维幼稚的话，成熟的大人们也经常犯这种直线思维的毛病。究其根源，是因为对大局关注较少，对事情的各种关联性了解太少，才会一门心思认准目标不放松。

有个养奶牛的人，他生日时想减少花销，用鲜牛奶来款待客人。可是他只有一头母牛产奶，到生日那天，人多奶少肯定不够喝。于是，这个人绞尽脑汁想找到积蓄牛奶的办法。一天，一个神奇的想法闪现在他脑海里：以后不让小牛喝母牛的奶，也不挤奶，让牛奶存储在母牛腹中，到宴请宾客时，当场把牛奶挤出来，既能满足数量又能保鲜，不就解决问题了吗。

于是，这个自以为聪明的人把正在吃奶的小牛和母牛分开，只喂小牛面糊，好让奶牛保证到时候有足够的牛奶。

一个月后，他的生日宴会热闹非凡，很多人都来了。宾客们纷纷要求品尝他美味的牛奶。这个人得意地宣布，他要把最珍贵的好牛奶贡献，众人可以开怀畅饮。可是，母牛牵出来后，乳房已经干瘪。可想而知，这个人当时是多么狼狈。但是，他对此却大惑不解，认为小牛并没有喝奶牛的奶啊！

这个人的思维模式就是典型的直线思维方式：总认为小牛不喝奶，自己也不挤奶就能保住母牛充足的牛奶供应量，这种一厢情愿地按照自己的想法来支配奶牛的生活规律肯定行不通。

虽然，在人们的生活中，不会出现像这类愚蠢的错误，但是，直线思维模式仍在许多人头脑中不同程度地存在着。

比如，有些人的人生之路比较曲折，他们常常埋怨，自己费尽了九牛二虎之力也不能尽如人意。为什么呢？有时，就是因为他们看问题、做事情的方法不对，总以直线思维的方式来看问题，他们总认为搭更长的桥就是要找更长的木板，从来没想到用其他方式来代替。他们对于某种理念过于专注，认准了的事就坚持到底，死不回头，一点灵活性都没有。而在博弈中，凡是直线思维的人性格都是顽固的、守旧的、偏执的。

人生在世，要想夺取成功的桂冠，当然需要对目标的执着。但如果自身不具备实现这一目标的基本条件，那么，蜘蛛去做是不明智的。因为发觉一个主攻方向、一个发展目标不再适合自己，仍旧一味固守、一条道走到黑，那不叫执着、坚定，那叫糊涂、蛮干。因此，当我们在人生的路上举步维艰时，所要做的并不是坚持到底、一条路跑到黑，而是停下来想一想，观察一下，问一问：选择的这个方向对不对？是不是已经到了应该放弃的时候？微软总裁比尔·盖茨曾经说过："如果开始没成功，再试一次，如果仍不成功，就应该放弃。愚蠢坚持毫无益处。"

直线思维的人，对螺旋式发展不能理解。在他们看来，事情的发展就应该奔着一个方向，沿着一条直线不停地前进，怎么可能会绕回到起点呢？因此，他们在困境和磨难面前不理解也没有毅力去"南征北战"和困难周旋。而且，他们还经常爱犯"冒进"和"过犹不及"的错误。表现在博弈中，就是没有耐心，不懂周旋，当然对他人的曲线进攻也缺乏识破和防御。这种盲目的行动，最后只能为他们带来不理想的局面。

直线思维的人即便是在与别人的交往中，也不注意沟通的灵活性，不注意了解对方想法产生的根源，并据此转变自己的观念。在这种思维的支配下，他们为人处世往往容易走极端，因此，也注定碰壁的比率会大大提高。

在组织中，那些直线思维模式的领导，喜怒表情很容易表现出来，口无遮拦，因此也容易和下属发生正面冲突。他们喜欢用强硬态度，以示自己的不易征服。似乎这样就可以更有效表达自己的不满，却不知道这有可能把自己向上的阶梯都断送了。一旦决策失败，就会步入人生的低谷。

直线思维就像一把刀，可以证明做事的效率和能力，开疆辟土，有时没有问题，但杀伤力很强，会伤害到其他人的感受和利益。由此看来，直线思维在人际关系的博弈中是为人处世的大忌。

要想在人生的博弈中处处顺利，必须改变自己的思维方式，学会变通。学学曲线思维方式，在做好事情的同时，迎来一团和气。

## 走出酒吧博弈的经验误区

鹰王和鹰后打算在密林深处定居下来，于是就挑选了一棵又高又大、枝繁叶茂的橡树，在最高的一根树枝上开始筑巢，准备夏天在这儿孵养后代。

鼹鼠听到这个消息，大着胆子向鹰王提出警告："这棵橡树可不是安全的住所，它的根几乎烂光了，随时都有倒掉的危险，你们最好不要在这儿筑巢。"

"怎么会？这棵树这么高大向阳！"鹰王不屑地说。它对鼹鼠的劝告置之不理，立刻动手筑巢，并且当天就把全家搬了进去。

一天早晨，正当太阳升起来的时候，外出打猎的鹰王带着丰盛的早餐飞回家来。然而，那棵橡树已经倒掉了，它的鹰后和它的子女都被摔死了。

看见眼前的情景，鹰王悲痛不已，放声大哭道："为什么这样？一只鼹鼠的警告竟会是这样准确！"

谦恭的鼹鼠答道："你想一想，我就在地底下打洞，和树根十分接近，树根是好是坏，有谁还会比我知道得更清楚呢？"

鹰王的悲剧就是因为经验思维造成的，在他看来，自己的经验乃至祖辈流传下来的习惯都是绝对正确的，它根本听不进他人的意见。尽管鼹鼠向它提示了某些方面的信息，但是，它没有想到利用这些信息指导自己的行动。因此，鹰王失败了。

在生活中，总有一些人倾向于从自己已经成功的经验出发来揣度所有事情，用生活中司空见惯的规律去看待事物。久而久之，这些人就形成了定势思维的模式，完全忽视了内部和外界的联系，忽略了原来那些固定的条件已经改变，总是以原来的经验来看问题。结果，套在失败的经验中爬不出来，失去了一次又一次唾手可得的机会。这种经验思维僵化的思维模式在博弈中被称为“酒吧博弈”。

“酒吧博弈”的理论模型大致是这样的：假如有 100 个人很喜欢泡吧，但是酒吧的容量有限的，坐 60 个人时酒吧的气氛融洽，享受到的服务也最好。而如果去的人多了，就会导致大家都玩得不够尽兴，甚至会觉得不舒服。因此，这 100 个人每到周末就会根据以前的经验和自己的推测，预测酒吧的人数是否超过了 60 人，从而决定自己到底去不去酒吧；也有些人会简单假设，认为这个周末和上个周末相比酒吧里的人数会差不多，之后采用平均法，算出前几个周末酒吧人数的平均数；还有些人会采用反向猜测法，认为上个周末人多的话，那么这个周末人就会相对较少。然而不论用哪种方式，和谐人都是凭经验来推测判断。所以，是不科学的，难免偏颇。这种思维在人生的博弈中，也注定不会取得胜利。

如果只是在游戏中，这种经验思维倒不至于让人损失多少。但是，生活中，如果犯经验主义就会不屑于听取别人的意见，表现出固执、刚愎自用的一面。

这类人对新事物、新人物、新现象、新趋势一百个看不惯，明明是自己的想法与时代潮流相违背，却反过来认为是时代在倒退。他们总认为自己是在坚持原则，坚持真理，这类人对自己的眼光和能力从来都不怀疑。其结果，只能是自己嘲讽自己。在许多意外的事情发生后，常常措手不及，不知怎样应对。

一家机械厂的经理工作能力很强。在他的经营管理下，公司生意兴隆，业务量大大提升。当然，这位经理也自我感觉很好。一次，他的一个朋友介绍来一笔外贸业务，当时对方只预付了百分之一的定金，财务处长提醒他，外贸业务咱们是初次做，而且又是如此大的订货量，只付少量的定金，应该慎重啊！没想到，经理大发脾气说："我自己的朋友还没数吗？你想一下，以前咱们的货不都是靠我朋友帮忙销售的吗？出过什么问题吗？"

"可是，不怕一万，就怕万一啊！"财务处长小心翼翼地说。

"没有什么万一？"不等他说完，经理胳膊一抡打断了他，"你难道盼着我们出事吗？小心谨慎，成不了气候。"

结果，这位财务处长担心的事情就发生了。货发出去后真的没了下文，原来这位经理朋友因为做房地产急于用钱，想出这个办法来套钱。反正客户在国外，厂家也不方便去追查。事后，虽然这个厂家的货款通过法律渠道追了回来，但这位自我感觉良好的经理还是因为失职被董事会宣布免职。

可见，人的智慧如果不与时俱进，就无法适应变化的大环境。那么，不论在自己的事业还是生活的博弈中，其结局很可能也会像鹰王和机械厂的经理一样结局。

俗话说："寸有所长，尺有所短。老马也有失蹄的时候。"一时的看法，不一定适用于所有时候，即便自己曾经取得过一些胜利，要想在博弈中取胜，要有自己的主见，同时也应该保持虚怀若谷的胸怀。不要轻易否定别人的看法，要善于倾听，虚心接受别人的意见和建议，要善于发现别人见解的独到性。听取别人的一言，也许就会避免你的意外之灾。另外，也要多做调查研究，尽可能获取整个事情的真相。

要走出经验主义的误区，需要站在他人的角度去考虑问题。毕竟，博弈是你与他人的较量。如果不考虑他人的感受，就没有再次博弈、继续合作的可能。

要克服经验主义，也需要利用与众不同的思维和方法来看待和解决生活与工作的各种问题。

在《论语》中，孔子弟子宰我认为三年守丧期太长，提出把守丧期改为一年。从这一点来看，虽然宰我不是俊杰，但是宰我却是敢于创新者。

当然，要变通就要敢于挑战传统思想，要有与众不同的创新思维，要注意在日常工作中锻炼自己的独特的思维能力。这样，你会发现自己的思维别有洞天。才能在人生的博弈前进一步，实现跨越。须知：个人前进一小步，社会就会前进一大步。

## 调整思路，曲线变通

不论做什么事，如果总是率性而为，直线思维，不懂得变通，不论做什么事情都会无法做成功。

有位手艺人会捏泥人，这项独特的工艺为他赢来了丰厚的收入。当然，这个人也很诚信，凡是答应客户的事情决不食言。

一次，秋冬季节，他感冒了。于是，妻子按照医生的吩咐，劝他先把手里的活放下来，休息几天，等病好了再干。可是手艺人觉得如果休息三五天，那么，他就要把交货日期推迟三五天，就等于是失信于人了，这样的事他可不能干。

因此，手艺人带病坚持工作。但是由于他身体一直得不到休息，虽然喝了药，可是病情并没有好转。妻子看他这个样子非常担心，知道他非常固执，劝说是没有用的。就偷偷给客户打电话，说明情况，请求对方能宽限一周，让丈夫把病治好。客户通情达理地说，看病是第一位的，即便延迟一周也是应该的。

妻子见客户答应后，非常高兴，就把这个好消息告诉丈夫，劝他先休息几天。没想到手艺人却说："你这不是害我吗？客户和我多年打交道了，他当然不好拒绝。可是，我怎么能因为生病就失信于人呢？你还居然背着我打电话。"

妻子解释说："这不算失信啊，你们之间的合作只是延长了几天而已。"手艺人说："不管怎样，我不能违背当初的约定。你不要再劝了。我一向把信誉看得比生命还重要。"妻子看到他一点也没有听劝的样子，只好无奈地摇摇头。

结果，手艺人继续干活，病得一天比一天厉害。最后，手艺人因为得不到休息，病情恶化并无法再继续工作了，以致不能捏泥人了。

这个手艺人确实非常诚信，但缺乏变通，它为了维护诚信牺牲健康，未免因小失大了。他没有想过，如果连健康都无法保证，工作怎能正常进行呢？手艺怎能继续下去呢？

其实，世上没有什么是不变的东西，即便是诚信也是相对而言的，也要因时因事而有所变通，人只有从实际出发，根据实际做出正确的应变策略，才能真正把事情办好。

《易经》中说："穷则变，变则通，通则久。"博弈重在变通。要想在社会上立足，就必须掌握一些灵巧的变通手段。成功的变通方法是人生处世博弈成功的关键。

东汉年间，巫师单臣、傅镇等人造反，自称为王与朝廷对着干。当时，朝廷派大军前去征剿，尽管官兵死伤不少，但单臣等人依仗粮草充足仍然坚守不出。

无奈之下，汉光武帝召集诸侯征求良策。大家都说用悬赏杀敌的办法。因为重赏之下必有勇夫。但是，东海王却提出，要围城的官军给叛军一条逃生的道路。人们对此大惑不解。叛军抓还抓不住，难道要让他们逃跑吗？

可是，东海王认为，现在官军把城围得那么紧，他们想逃也逃不了，所以只好拼命抵抗。要是稍稍放松一下，给他们一条生路，他们便会自行逃亡。一旦叛军处在逃亡途中，会人心不稳。那时，多数人都不会拼死抵抗，只要一个亭长就可以把这些散兵游勇抓获。

光武帝闻听，感到言之有理，于是采纳了东海王的计谋，结果官军轻而易举地就抓住了势单力薄的单臣和傅镇。

其实，在具备同等条件的情况下，懂得变通，就能找到解决问题的正确方法。

这位东海王的高明之处就在于他的思维独到。他具有非凡的洞察力和新颖的创造力，能够从多方面考虑问题。当一条路走不通时，变通一下，轻而易举地把一桩难事给解决了。

可见，变通是人们生存和发展的一种智慧。思维变通作为通向成功之路的一种捷径，缩短了行动与目标之间的距离。在为人处世的博弈中，变通会让人懂得如何获取利益，如何在复杂的环境中求生存，如何知己知彼。

既然曲线变通可以帮助自己顺利达到目的，那么，在平时的工作学习中，就要有意识地锻炼自己这方面的能力。

**1. 以迂为直**

曲线思维最典型的特征就是以曲为直。因此，那些急性子、率直性格的人不妨改变自己的做事情的方法，锻炼一下自己这方面的能力。

比如，在与人们的沟通中，如果你遇到十分固执的对象，如果不懂得变通之道，问题一下子触及了核心部分，会给对方带来不必要的压力，更不用说说服别人。那么，在这场博弈中，你肯定达不到自己的目的。此时，你可以采用以曲为直的策略，曲线前进。先聊一些与实质性问题较远的其他话题，逐渐拉近双方心理的距离。之后，再由远及近，一步步切入实质性问题。这种方法的好处是能层层铺垫、步步深入地引导对方。由对方不经意的问题切入，可以使对方跟随说服者层层理的思维轨迹，渐渐接受所讲的道理。

**2. 旁敲侧击**

职场中，人们有时会遇上上司不满现象。此时，当面顶撞或者拒绝是不可行的。你可以用旁敲侧击的方式，迂回变通，让上司明白你的意图。

有一次，拿破仑开玩笑地对他的秘书说：“布里昂，你也将永垂不朽了。你不是我的秘书吗？”意思是说布里昂可以沾他的光而扬名于世。布里昂是一个很有自尊心的人，但又不便直接加以反驳，于是他反问道：“请问亚历山大的秘书是谁？”拿破仑答不上来，这才意识到自己太过傲慢，于是反而为他喝彩：“问得好！”

在这里，布里昂就巧妙地暗示了拿破仑：亚历山大名垂青史，但是他的秘书却不为人所知。那么，一个大人物的秘书是否有名气与大人物之间其实没有直接的联系。这巧妙的暗示，使拿破仑明白了自己的失言，又维护了双方的自尊。这就是布里昂的曲线思维模式。试想，如果布里昂直接反驳拿破仑的意见，就会双方陷入尴尬之中。

不论采取何种方式，要锻炼自己变通的思维方式，不要让自己陷入惯性思维中，永远只用一种眼光看问题。要敢于突破传统思维的定势，时时刻刻寻求变通。只有这样，才能发掘机遇，把握机遇，才能在各种场合下都能应付自如，左右逢源。

## 变通是博弈成功的金钥匙

在人类前进的历史长河中，世界变化日新月异，社会不断发展。固定的、单一的思维模式是不足以应对一切复杂多变的世事的，只有不断变通，才可能绕开生活中的一切障碍，轻松获得成功。

法国一位酷爱绘画的年轻人，为了绘画艺术，到德国的汉堡求学。尽管他来到德国时整天饿着肚子，吃尽万般苦头，但是，为了有朝一日成为著名画家，这些困难他都承受住了。然而，事与愿违，尽管经过多年的打拼，年轻人还是个口袋空空的落魄艺术家。此时，他意识到，自己的想法和做法不切实际，必须换个前进方向。

经过在市场上的观察，年轻人发现，德国一般传统家庭都很注重每天全家在一起的聚餐。特别是在晚餐时，为了营造团圆幸福的气氛，都要铺上艺术餐巾纸。在德国，10 张一包的艺术餐巾纸的价格一般在 4—5 欧元左右，销售行情很好。市场上还可以根据每个人的喜好定做餐巾纸图案。

这个意外发现让年轻人大喜过望。这不就是既让他有用武之地又能满足人们生活需要的艺术吗？于是，年轻人决定改变自己艺术追求的方向。他成立了自己的餐巾纸设计公司，将法国人的浪漫充分体现在自己的纸巾设计作品中。经过十几年的努力，他终于从一个食不果腹的自由职业画家，成功地转型为一位设计师，尤其在艺术餐巾纸的设计和销售方面，更是名声远扬。

在通往成功的道路上，尽管不是一帆风顺的，但是并不意味着没有成功的途径。因为人的每一种行为，每一个进步，都与自己的变通思维能力息息相关，敢于变通才是获得博弈成功的关键。如果你走的路本来就是错的，你还非要以不屈不挠、百折不回的精神去坚持，去争取，那么只会南辕北辙，离目标越来越远。要学会审时度势，找到最适合自己的路。如果发现正在走的路、正在用的方法不适合自己，就要敢于放弃，善于变通。对于根本就做不了或是达不到的目标，或者永远都不可能实现的理想，应该尽早放弃。特别是当你竭尽全力拼搏后仍然无法到达心目中的终点时，不妨想一下，自己是否被思维的旧框框束缚住了，让自己尝试着转入另外一条发展道路，那样或许会获得成功。

人要突破思维定式，培养自己曲线思维的能力，需要拓宽视野，吸取各方面有益的知识。更重要的是，在思维方法上培养自己立体、发散和逆向思考的能力。

**1. 培养水平思维技巧**

水平思维是一种发散思维法。它可以从不同的方向、不同的途径、不同的角度去无拘无束地向四方扩散，产生大量的创造性设想及新的思路等一切新的东西，甚至异想天开。

**2. 培养逆向思考技巧**

逆向思考就是跳出常规思维的模式，反其道而行之。当大家都朝着一个固定的思维方向思考问题时，而你却运用与众不同的方式去思考和处理问题，这种不按常理出牌的方式，其结果常常会令人大吃一惊。

以逆向思维处理婚姻中出现的不忠诚问题也会收到奇效。

婚姻中，比如说丈夫在外面有了情人，妻子知道后通常是使用或哭、或闹或要与他们同归于尽等激烈和极端的方式来处理。但是，以此方式处理却很少有成功的，反而丈夫在看到妻子“狰狞”的面目后会彻底走出家门，和妻子离婚。

有位聪明的妻子此时却采用了不同于常人的方式。她在得知丈夫有了情人后，主动为他们腾出了空间。此举被人看来是不战而退。可是，妻子在临走时给丈夫留下一张字条，写道：“亲爱的：既然你喜欢和她在一起，我先暂时离开家一段时间，请你认真思考我们的关系后再作出决定。”

丈夫本来和情人一直处于秘密和地下的状态开始转为近距离接触。可是，短时间的柔情蜜意之后，丈夫便发现，情人根本不可能像妻子那样体贴和照顾自己，常常是衣服不知道放在那里，鞋袜更是不会主动去洗涮。情人说得很明白：“我不是你的妻子，没必要尽这些义务。”就连这位男人生病住院时，情人都在逛商场采购时髦的服装。这下，这个男人彻底灰心了，再亲密的情人和妻子之间也有不同之处。试图喜结良缘更是不现实。

这位妻子运用了逆向思维的方式不哭不闹，给丈夫留出思考的空间和换一种生活方式的空间，同时给自己留出了空间，最终挽回了家庭。

智慧和创造改变着一个人的命运。只有在机会面前发散思维，不按常规出牌，才能为自己赢得一个个大好时机。

思维就像一台机器，使用多了就会熟能生巧。不论是在婚姻感情方面的博弈，还是在日常生活中其他方面的博弈，逆向思维起着主观重要的作用。当你陷入思维的死角不能自拔时，不妨尝试一下逆向思维法，反其道而行之，说不定就会眼前一亮，豁然开朗呢。

在人生的博弈中，不是每个人在面对“不通”的窘境时都能处之泰然，游刃有余。但如果掌握了一些方式方法，从不同角度全方位地思考问题，则能够起到拓宽和启发思路的重要作用，也能从中找到最好的一条捷径，从而轻松地解决这些问题。

## 此路不通彼路通

在人生的博弈中，到达成功有很多方法。条条大路通罗马。这条路不好走，就换另一条，最后你总会找到最适合自己的方法。

“此路不通彼路通”，是在告诉我们要勇敢面对“不通”的窘境，然后运用发散思维寻找另一条成功的捷径。因为万事万物都在变化中，有时你认定的绝境并非就是无路可走。

为了找金子，彼得在河床附近买了一块没人要的土地。他埋头苦干了6个月，直到土地被挖得坑坑洼洼。然而，翻遍了整块土地，却连一丁点金子都没看见。他彻底失望了，“这里没有金子！”彼得决定离开这儿到别处去谋生。

就在他即将离开的前一个晚上，天下起了倾盆大雨，并且一下就是三天三夜。雨停后，彼得发现土地上坑坑洼洼的地方已被大水冲刷平整，而且松软的土地上居然长出一层绿茸茸的小草。彼得忽有所悟：“这里的土地很肥沃，我可以用来种花，并且拿到镇上去卖给那些富人。如果这样的话，我一定会赚许多钱……”

他为自己的想法激动不已，说干就干。不久，田地里长满了美丽娇艳的各色鲜花。路过的人一个劲儿地称赞：“我们从没见过这么美丽的花！”并且，他们很乐意付钱来买彼得的花。5年后，彼得实现了梦想——成为一名富翁。

在人生的博弈中，谁都希望自己的生命航程是一帆风顺的，谁都不想受到命运的愚弄，然而顺境和逆境总是此起彼伏交替出现。

比如，努力工作反而被降薪离职、人际关系亮红灯，或是艰苦创业结果却功败垂成，债务缠身等。但无论什么危机，用什么心态去对待它很重要：是怨天尤人，自暴自弃；还是乐观对待坚持不懈，化危为安。

人必须意识到变化随时随地都有可能发生。人不但要适应变化，适时调整，还要学会预见变化，做好迎接挑战的准备。

两个做手工陶艺的弟兄漂洋过海，将陶艺品运到一个海滨城市，换来了一年的口粮，又回到小镇上生活。

又一年弟兄俩又出海了。快到岸边的时候，海上起了狂风，恶浪滔天，弟兄俩挣扎着靠了岸，一百多个陶艺罐子打得稀烂，成了一堆瓦砾。哥哥号啕大哭，我们一年的口粮钱怎么办？

弟弟在哥哥哭泣的时候，一言不发地上岸考察，发现这个城市比去年发达，房地产业蒸蒸日上，家家户户都买新房忙装修呢！弟弟回来的时候，拎了把大锤，把烂罐子砸得粉碎，对哥哥说："咱不卖罐子了，改卖马赛克。"最后，一船不规则图案的瓷片，在集市上都被抢疯了，比卖罐子的利润还高出很多。

其实事物都是具有两面性的，危机中包含着契机。即便是逆境也蕴含着成功的机会，关键看怎样对待。如果积极对待，就会成为向前发展的因素。人关键在于学会转换思路，换一种思维，就能抓住契机，或化危为安。比如：失业了，你可以告诉自己："没关系，我正准备跳槽呢。"找不到新的工作，告诉自己："没关系，刚好有个休假的机会，可以充实自己，提高自己的能力。"这不仅是自我安慰，而是激活正面思考能力，不至于在悲观失望的死胡同中备受折磨。无论是什么人，都有正向思考的能力，但并不是每一个人都能发掘这种潜力并加以利用。唯一不同的是人们能否去调动它、激活它。许多成功人士都是靠慢慢培养，日积月累，最终才养成正向思维的习惯。

在好莱坞的舞台上，女演员苏珊外表出众。但是，她进入好莱坞的最初几个月中，只能做一些简单的平面广告，成名似乎是非常遥远的事情。

一次，有家大型的演出公司在洛杉矶举行全国性的影片发布会，苏珊也参加了。当时，大腕影星们一个接一个，苏珊作为小人物实在无足轻重，而且又是最后出场。可是，谁也没想到，意外的机会出现了。

苏珊出场时，她面对观众，竟然像面对老朋友们一样微笑着说："我知道你们通过杂志报纸都认识我，可是，你们中有谁见过我在电影里的形象吗？”台下几乎没有人举手，只有友好的笑声。

就在观众沉默时，苏珊反问道：“那么，你们愿意看我在电影中的形象吗？”会场上马上响起了一片应答声。于是，苏珊趁机说：“诸位愿意捎个话给制片公司吗？”台下又是一片热烈的反应。

令人们没想到的是，没有几天，制片公司的导演就收到了来自观众的热情洋溢的信，他们都希望看到苏珊在电影中出演的角色。

就这样，苏珊不是向导演发起正面进攻，而是凭借观众的支持，利用观众的影响力敲开了导演的大门。

在人生的博弈中，当你无法敲开一扇自己向往的大门时，不要灰心丧气，可以试着变换一种方式，比如从窗户里跳进去，然后再打开大门，不是同样可以达到目的吗？这种“此路不通彼路通”的思维模式就是一种正向思考模式。遇到困难和打击，不灰心丧气，而是积极开动大脑，寻求突破的方法。

既然正向思考的力量如此神奇，那么，我们在平时可以有意识地锻炼和培养自己，以便养成这样的思维习惯。

当然，要锻炼自己正向思考的习惯：一方面需要在一些充满智慧的书籍里寻找和积累处理问题的方法；其次，还要注意参与团体的思维辩论和智力游戏等，在辩论中可以锻炼并提高自己的思维能力和反应能力；另外，要注意在平时解决问题的时候锻炼自己的开拓思维能力，提高处事应变的能力。总之，只有通过积累知识和参与实践两方面的努力，才能在量变的过程中实现质的飞跃，才会找到通向成功的道路。

“人脑就是用来做梦的”，只要善于正向思考，在博弈中就可以占据主动，抓住机会。那样，你会发现，直行不通，绕行最终仍能殊途同归，获得你的幸福人生。

第三章

# 信息是博弈制胜关键

在博弈的过程中，信息起着重要的作用。它往往影响着博弈双方对对方的判断，从而左右他们的决定。可以说：在博弈中，谁掌握了关键的信息，谁就掌握了制胜的关键。

但是，在博弈中，对方不会告诉你他们全部的想法，只会把他们的信息隐藏起来，让你陷入无法预测迷茫之中。此时，如果你没有预测对对方，毫无防备之心，就会被对方引诱走向危险的陷阱。因此，不要对危险信息视而不见，特别是对“天上掉下的馅饼”，一定要仔细思考这样的“好事”为何单单找上你？

当然，如果你能发现对方的秘密和隐藏的意图，而不让对方知晓你的想法，那么，从某种程度上说，你就可以控制事件的发展。

## 信息不对称会让你陷入劣势

信息分为对称信息和不对称信息两种。对称信息是指双方都对对方的情况有一些了解。比如在商品市场上，买主了解卖主所掌握的有关商品的信息，卖主也掌握买主具有的知识和消费者偏好，这就是对称信息；如果一方对另一方的情况并不了解，这就是不对称信息。比如，病人被医院误治，想要状告医院，那么，如果掌握的医院信息少，就是不对称信息。

在博弈之前，如果你对对方的重要信息一无所知，那么开局必定被动，既谈不上从容不迫，更无法去获得博弈的最优结局。

从前有一个人，虽然勤奋刻苦，但是头脑简单，他生活拮据，并且欠了别人很多的债务。大年三十又是讨账的时候，这个脸皮薄的人只好到外面去躲债。

他来到了一个旷野处，无意中发现了一个小箱子，里面装满了珍贵的财宝，这个人心中一阵狂喜。“也许是老天助我吧。”他想。就在他伸手打开一个小盒时，他看到上面有个锃亮锃亮的玻璃，玻璃中竟然有个人在对着他看。他感到非常惊恐，急忙跪下来合掌行礼道：“我以为这是别人抛弃的箱子，没想到这是你的。既然你在箱子里面，我就走，请您不要见怪。”

这个镜子中的人就是他自己，然而他把自己的影像却当成是他人。

在为人处世中，不但要看清自己，也要看清他人。特别是在危急关头，要看清他人的弱点，想办法把对方置于信息不对称的一面，这样你才有博弈的优势。

在京剧《过韶关》中，伍子胥为了逃脱楚平王追捕，先奔宋国。因宋国有乱，又投奔吴国，路过陈国。在逃亡途中，伍子胥面对的是莫测的风险，可是，伍子胥却运用自己的机智战胜了这些困难。

相传，在逃亡途中有这样一件事，伍子胥在边境上被守关的斥候抓住。斥候对他说：“你是逃犯，我必须将你抓去面见楚王！”

机智的伍子胥沉着回答道：“楚王确实正在抓我。但是你知道楚王为什么要抓我吗？”对方答不出。伍子胥哄骗对方说：“其实，楚王抓我是因为我有一颗价值连城的宝珠啊！因为有人跟楚王告密，说我有一颗宝珠，楚王一心想得到，可我的宝珠已经丢失了。楚王不相信，以为我在欺骗他。我没有办法，只好逃跑。”

斥候听了不吃这一套，冷笑说：“宝珠丢了，至少我还抓住了人，楚王对我会有奖赏的。”

伍子胥摇头说：“不会，你抓住了我，把我交给楚王，那我将在楚王面前说是你夺去了我的宝珠吞到肚子里了。那么，楚王为了得到宝珠一定会先把你杀掉，并且还会剖开你的肚子找宝珠。我虽活不成，而你会死得更惨。”

斥候信以为真，觉得没必要以命相搏去换取那一丁点儿的奖赏，于是把伍子胥放了。伍子胥脱险，逃出了楚国。

生活中，很多时候，由于主客观各种原因，一个人无法掌握对方更多的信息，因此就造成了不对称信息。在斥候与伍子胥的博弈中，本来，伍子胥是处于弱势的，斥候有胜算的把握，可是他却被伍子胥蒙骗了，就是因为他对伍子胥的信息掌握不对称所致。从客观方面来看，因为斥候居住的地方偏僻，没有掌握多少伍子胥被追捕的资料，所以容易被伍子胥所骗。从主观方面来看，因为他相信在楚王面前伍子胥当然比自己有说服力，于是在无法求证伍子胥说的是否是谎话的前提下，放过了伍子胥。总之，主客观方面的原因导致斥候对伍子胥信息的不对称性。

在生活中，我们也会遇到像斥候这样的局面。比如，我们去买东西，往往并不知道商品是否有严重缺陷的信息。之所以出现这种状况，无非是因为交易商品质量高低属于卖方的私有信息，那么，卖方比买方更有主动权。在这种情况下，我们的博弈就很被动。因此，在博弈的过程中，对于双方来说，谁拥有对方或者客观环境的信息越多，越有可能做出正确决策。

伍子胥与斥候的博弈之所以能够获胜，显然伍子胥是知道斥候是一个在远离国都的偏远地界的小官吏；通过谈话他更了解到了斥候对于抓他的原因并不了解；而且，这个小官吏对于楚王的所作所为更不可能了解。因此，伍子胥就编造了有利于自己的故事来蒙骗对方，命运就此起死回生。

另外，即便是博弈中暂时处于主动的一方，随着事物的变化，有时也会变成被动的一方。

在过韶关中，伍子胥一夜急白了头，因为他对昭关的信息掌握就是不对称的。昭关在两山对峙之间，前面便是大江，形势险要，并有重兵把守，伍子胥想要过关真是难于上青天，竟一夜急白了头。幸好名医扁鹊的弟子东皋公的巧妙安排，伍子胥才得以巧妙过关。

可见，在博弈中人们很多时候都处于不完全信息的博弈中。在信息不对称时，要注意借助他人的力量让自己成为信息对称的一方，这样才会有胜算的把握。

## 尽可能多掌握对方的信息

在博弈中，绝大多数情况下，信息都是不对称的，往往会出现某一方所知道的信息而对方不了解情况，这样就导致了博弈双方一个占优，一个占劣。因此，想要在博弈中取胜，改变信息不对称的被动局面，就需要在平时多关注并搜集整理对方的信息。否则，再聪明的人也会处于被动的局面。

马克·吐温是世界上著名的机智幽默风趣的作家，他不仅以小说著名，而且演讲也很有趣。他见多识广，应变力很强，可以说，没有人能够难得住他。可是，有一次演讲中，他却被一位听众难住了：

那天，他在一个小镇上演讲。一个当地人跟他打赌说："尊敬的大作家，你大名鼎鼎，无人能战胜你的机智幽默。可是，我想告诉你，尽管你语言风趣幽默，但是你这次恐怕不能如愿了。不信，我和你打一个赌。如果你能把台下第一排的一个普通的小老头儿逗乐，你就赢了。我将输给你一笔钱。"

这对于曾经逗乐过成百上千观众的马克·吐温来说，逗乐一个小老头儿不是太容易了吗？因此，他对自己的才能充满了足够的信心，一口就答应了。

演讲那天，马克·吐温果然看到一个秃顶的老头儿坐在第一排正中。于是他便使出全身解数，讲了一个接一个的精彩段子。然而就在听众震耳欲聋的笑声中，那个老头儿从头到尾一直忧郁地坐在那儿，没有露出一点儿笑容。马克·吐温输了个底儿朝天，他怎么也想不明白自己无懈可击的演讲到底输在什么地方。

最后，他终于忍不住问当地一个小伙子。小伙子答道："你说的那个老家伙啊，我认识，四年前他的耳朵就完全聋了。"

马克·吐温听后大吃一惊，他没想到自己这回居然在小河沟儿翻船了。

这个故事告诉我们，信息在博弈的过程中，有时能发挥关键作用。马克·吐温在和当地人的博弈中，之所以失败就是因为他对那个特殊听众的信息一点也不了解。所以，生活中，不论你是打赌还是参与其他游戏，要想博弈取胜，就要尽力多搜集对方的信息。

在博弈的过程中，如果当各种方法都尝试过，可是问题仍然像一团乱麻一样不可解决时，最好的办法就是再问问自己，原来收集的信息够全面吗？有没有被漏掉的信息？虽然我们并不知道对方这次会使用什么博弈方式，但是你掌握的信息越多，作出正确决策的可能性就越大。如果你能收集到比别人更多的信息，也就有了更大的胜算。

收集信息不仅是解决问题的一个步骤，有时也能起到极为关键的作用。如果你能预测对方真正想要的是什么，并且探明他的底线，这无疑对你获得博弈的胜利更有利。

那么，怎样才能通过正确的方式尽量多地获取到对方的信息呢？

信息的获集形式不一，场合多种多样。人类的知识、经验等，都是获取信息的资源库。你既可以从图书馆查阅资料，从公开发表的刊物、媒体上搜集，也可以从一些非正式渠道搜集。比如，私人宴会或其他聚会上都可以搜集到一些信息，而且这种场合对方不会对你有太大的防范心理，容易把信息讲出来。具体的做法如下：

**1. 多听——通过他人的谈话获取更多的信息**

当你无法了解对方的信息时，通过熟悉对方的第三者的谈话中也能听出许多有利于你的信息，便于你及时采取行动。

长虹中南片区总经理何斌修就是一位反应灵敏、善于搜集信息的人。何斌修当兵转业后，进了长虹。2000 年 8 月，他争取到北京分公司做业务，负责与大中电器的业务往来。2001 年春节前，各家电品牌在北京拼命抢占年底市场，大中更是他们争取的对象。但是业务员们都在抱怨大中配送不畅。在别人的抱怨声中，机敏的何斌修却捕捉到了信息：既然配送不畅，就要抢先把货放在那里。于是他悄悄溜到大中库房，估算出了空余的库房面积，随后马上找到大中业务部，第一时间拿到了订单。

在春节旺销期，等其他厂家纷纷让大中订货时，长虹的产品早已占满库房。此时，其他产品已无缝插针了，何斌修打了个漂亮仗。

### 2. 多看——含义丰富的肢体语言也是信息

我们都有这样的印象，某个人说过的话可能早就忘记了，但是他的一个动作却印象深刻。在博弈的过程中，即便是喜怒不形于色的对手，也会通过肢体的动作表达自己的感受。这种动作我们称之为“肢体语言”。肢体语言也是一种信息。

比如，对方正视你，眼睛炯炯有神，说明对你的问题感兴趣；如果对方东张西望，或者不时做一些其他的小动作，则表明他对你的问题毫无兴趣，心不在焉。再如，人们在说谎时很可能不自觉地把手藏起来。当人们说谎后担心谎言被拆穿，都会表现得很紧张、焦躁不安，就会将手背到身后以掩饰心神不定的心理状态，有时也会双手互相紧握着；当人们在说别人坏话的时候，往往习惯用手捂住嘴巴说话。另外，脖子也是人体传达信息的重要器官。用手摸脖子，或用手去扯衣领的行为也是说谎的表现。尽管这些动作都是无意中做出的，但是也可以表明他们此刻的心理状态。

### 3. 从对方的竞争者那里获得信息

获得对方信息的另一个来源是对方的竞争者。假设你是买方，如果能从第三方那里知道了卖方的成本，那无疑取得了谈判的一个最大筹码，在谈判中必然会增大对方的压力，增加弹性。

### 4. 搜集相关知识，做出正确判断

在博弈中，人们掌握的信息经常是不完全的，因为信息会随着环境、时间、地点的不同而改变，即信息是动态的。由于这种动态信息的影响，我们掌握的有利信息很有可能变成不利信息，这就更需要我们在博弈进行过程（即动态博弈）中不断地搜集信息、积累知识、修正判断。

比如，在股票市场，某些股票是否会是潜力股，大多股民并不清楚，他

们只是根据股市波动情况来决定是否购买。而那些资深的证券分析师们却可以根据各行业的发展情况，提前预测出某些股票的波动情况，因此，胜算者往往是他们。

世界著名的零售业巨头沃尔玛需采购的产品成千上万，但它的采购价格总是比同行的要低，原因就在于沃尔玛对供应商的原材料价格进行过严格合理的计算，并对产品的成本和利润一清二楚。每当供应商抱怨：再降价我们就没有一点利润时，这些采购员往往会替他们算一笔账。比如：一双袜子需要多少纱线，纱线需要多少成本等，来推算袜子的成本和供应商的利润。因此，尽管这些供应商面对如此低的价格，但仍然无法抗拒沃尔玛抛出的巨大订单的诱惑。

可见，博弈需要多方面的知识，因此，搜集信息不仅只关注本行业的信息，也需要关注其他与之有联系的行业信息，充足的信息意味着你的思路会被拓展得更宽。

由于信息并不是一成不变的，它是一个动态的过程，因此在搜集信息的过程中，人们需要认真观察，努力思考。搜集到信息后，还需要对已掌握的各种信息进行排列、重组、比较、联想、质疑等。这样，信息的运用才可以帮助你做出成功的决策，做出正确的判断。

收集信息的过程，也是拓展思路、激发创造力的过程。多掌握对方的信息，利于你掌握博弈的主动权。而占有信息优势的一方，无论在心理上还是胜利概率上，总会机会多多，而对方结果就不言而喻了。

## 限制不利于自己的信息

在博弈的过程中，策略暴露就意味着失败。当一个策略或者说一种为达到目的而采取的手段被识破，那么这种策略或手段必然是无效的。

“二战”期间，法国部队一位炮兵排长的妻子就是因为对朋友毫不设防，无意中泄露了丈夫的军事信息。结果，不仅给丈夫带来了灾难，还造成士兵很大的伤亡。

这位炮兵排长的妻子有位女友是集邮爱好者，这位女友常把自己积攒的邮票带来给她看。炮兵排长的妻子从未见过那么多漂亮邮票，看后她赞不绝口，那位善解人意的女友就送给她一些。渐渐地，炮兵排长的妻子也开始喜欢起集邮来。她每天收到丈夫情意绵绵的书信后就急忙把女友叫来，一起把那些精美的邮票拆下来，并和女友分享自己的欣喜。

但是，突然间，丈夫的信中断了。而且要好的女友也不再来看望她了。

许多天后，炮兵排长的妻子接到了一封占满血迹的信。她急忙撕开，信上写道：

"……真是活见鬼了，最近半个月以来，不论我们转移到什么地方，德国人的炮弹就像长了眼睛似的总能找到我们。我们的损失很大，我也负了重伤……"

炮兵排长的妻子被这突然的打击击倒了。不知过了多久，她从昏厥中醒来，一眼看到信封上的邮票。她猛地坐起来，失声惊叫："上帝啊！"

战争期间，任何环节的一点小疏忽就可能会付出血的代价。这位炮兵排长的妻子在和德国特务的博弈中输掉，就是因为她对所谓的"女友"毫不设防，不懂得保护那些对自己重要，对丈夫重要，对法国部队更重要的信息，结果被敌人钻了空子。

同样，在商战中，如果不注意保密，限制那些不利于自己的信息，也会给自己的利益带来损失。

身居高位的人，最忌别人察言观色并判断阴晴寒暑，雨雪风霜。如兵法云：兵不厌诈，虚则实之，实则虚之，能而示之不能，战而示之不战。如果你不能"推行诡遭"，不懂得"心藏九天玄机"，你就难以做到含而不露。你的观点、主张、决策、布置就容易被敌手掌握，这样，你就只有等着葬送自己了。所以，应该注意限制不利于自己的信息外漏。

任何信息的效用有赖于其独享性，如果一个信息被充分共享的话，它的优势和效用就被“磨光”了。一个人常常把不利于自己的信息暴露出来其实是愚蠢的人。特别是在信息发达的社会，如果不想被别人利用，就要记住，永远都不要把自己的信息暴露在别人的眼皮子底下。这应成为博弈中人们必须牢牢记住的一条重要的规则。因此，我们必须学会保密，不让对手获得任何可能识破自己博弈的任何信息。

人生如战场，在为人处世的博弈中，也要懂得掩藏不利于自己的信息。要懂得如何包装自己，伪装自己，把自己的弱点深深地掩藏起来，这才是具备成功素质的人。

在恋爱中，每个人都想展示自己个性中最好的一面，掩盖糟糕的一面，即便是最邋遢的人在约会场合也可以摇身变得衣冠楚楚，这就是限制那些不利于自己的信息。但是，人的缺点不可能一辈子隐藏，随着关系的进展，对方对你了解后，很可能不再十分计较缺点，而将优点放大，于是就赢来皆大欢喜的局面。

如果在恋爱一开始，对方还没有充足的心理准备时就把不利于自己的一面暴露无遗，对方是很难接受的，因为这和他们的心理预期相差太大。因此，只有有了良好的第一印象，人和人的关系才可能取得进一步的发展。

要限制不利于自己的信息发布出去，首先要做到信息保密：

### 1. 不泄密

注意保密。譬如，你是办公室人员，可能较早知道公司会增设某部门，早知某人有离职之意。如果不注意保密，随口说出，他人可能会捷足先登，取代其位。因此，不要小看这些秘密，这往往可以让你较其他人更快更准确地掌握到公司的动向。因此，作为一名办公室人员，不能将机密外泄。

### 2. 保存好机密文件

多数人对办公室的一般性文件，处理态度往往不够慎重，这种情形最容易给对手可乘之机。比如，公司的员工名册，对内不是什么机密，然而一旦被有心人获得，就可以据此推敲出公司的部门配置或管理手段。那些看起来毫不起眼的细枝末节，或许正是竞争对手极欲获得的珍贵情报。因此，只要是流通性的文件，都应慎加保存和适当处置。还有一些重要的资料，诸如顾客名录、原料采购记录等，更是绝密文件。对于这些机密文件，员工必要时可利用碎纸机加以毁灭。

3. 管住自己的嘴

在商业谈判中，许多人就是因为多嘴多言，洽商时的无心之言或者闲聊时的个人评断等，无意泄露了工作上的信息或他人的隐私，这些信息成为竞争对手攻击的利器。同时，也给自己的人际关系带来了很大的障碍。因此，一定要管住自己的嘴。否则，讲得多了，你守信的能力会大打折扣。

4. 少听少知道

如果你本身就是个话匣子，管不住自己的嘴，也不能很好地坚守秘密。那么，最好不要去听太多秘密。不论是同事偷偷告诉你的，还是当事人在不经意中透露出来的，都要少听，而且要尽量少去那些容易招惹是非的场合。

5. 向局外人诉说

假使自己不可避免地知道了太多秘密，又不能向同事透露，但又禁不住那份诉求的冲动时，你不妨找一个毫无关系的外人，把你所知道的全部都告诉他。这样，既减轻了自己的压力，又不会让秘密在公司里内泄。

天机不可泄露。在与对手博弈时，一定要掩盖你的真实意图，特别是事关重要的机密信息，一定不要向局内人透露，这样才能够减少自己的损失，争取最大的胜利。

## 放一枚迷惑对方的烟幕弹

信息不对称，往往是博弈中出现坏结果的决定因素。那么，在信息不对称时又该如何博弈呢？如果你已经尽了最大的努力，但是并没有掌握更多、更准确地对方信息，那么，想要扭转博弈的被动局面，可以先释放一颗烟幕弹，用假信息迷惑博弈对手，以利于自己决策的实施，并产生最大效益。

古代军事家孙武说过：“兵者，诡道也。”兵不厌诈。《三十六计》中的军事谋略原则，其总的思想就是真真假假、虚虚实实。

战争是敌我双方你死我活的较量，战争是要流血的，不用谋略，难以制胜。古今中外，有造诣的军事家无不通晓这种权谋。通过放烟幕弹来设法伪装自己，以假象掩盖真相，以细节伪装主干，给对方造成虚幻的错觉，使对手难以料定“我之本意”，达到出奇制胜之目的。当年英美盟军准备在诺曼底登陆的时候，也是一再地制造假象，使德军摸不清英美盟军确切的登陆地点。英美盟军情报部门利用不断制造的假象，让德军疲于奔命，并将德军分拆地七零八落，最终打败了他们。

而今，不仅在战争中，特别是在商战中，这种以假乱真的烟幕弹已经渗透到了很多的领域，同时，也成了人们在生活中的应变之术。当然，迷惑对方的烟幕弹也是弱势一方求得生存和发展的妙招。当新生的企业或者推出的新产品处在“襁褓”中时，如果被对方看出该产品或企业并不成熟并视为竞争对手，那必定会将该产品或企业置于死地。此时，用烟幕弹正可以扰乱对方的判断，给自己成长的机会，把主动权掌握在自己手里，扭转被动和劣势的局面。

但是，既然放烟幕弹要达到以假乱真的目的，其中的技巧也是需要把握的，要让对方相信而不是怀疑，否则就会弄巧成拙。

**1. 注意分寸和真实感**

**2. 让假象和真相之间有相似性**

有这样一个故事：从前，有一伙强盗来到一户人家打劫，正巧这户人家的男人不在家。然而，留在家中的三个妇女临危不惧，用箭阻拦强盗。可是，箭射了几支后就快用完了，强盗仍然没有走。强盗们知道了屋中只有女人后便更加嚣张。而对于我中的妇女们来说，情况万分危急。这时，强盗们闻听一个女人大声呼喊：“取箭来！”又听见一捆捆箭被“扑通扑通”扔到地上的声音，强盗们大吃一惊，小声说道：“有那么多箭！看来这家人是武艺高强的人家，必定难以制伏她们了。”于是，强盗溜走了。

原来，这是另两个女人从屋内棚子上把一捆捆麻秆扔到地上发出的声音。因为麻秆也是细长的，跟箭落地时发出的声音一样。强盗们被这个烟幕弹迷惑了。

### 3. 再危险也要坚持到底

公元201年，曹操掌权不久，急需人才，便召司马懿出来做官。司马懿是大士族的后裔，而曹操乃宦官之后代，他不愿屈节事曹。于是，以患风湿病不能起居为由，拒绝应召。曹操马上怀疑司马懿是找借口推辞，因此，派人扮作刺客前去查验。

这天深夜，刺客悄悄潜入司马懿的卧室，见司马懿果然直挺挺躺在床上。刺客暗想，司马懿如果是装病，见到利刀，一定会匆忙招架。于是，刺客挥刀向司马懿劈去。谁知，司马懿只是睁开眼睛瞅了瞅刺客，身子仍然像僵尸一样一动未动。刺客这才信以为真，去向曹操禀报。

其实，司马懿在刺客潜入卧室之时就已察觉，并且猜到是曹操派人来打探其病况的。但是他将计就计，演出了这场惊险剧，蒙蔽了向来机警的曹操。

既然是放烟幕弹，就要形成一种氛围，一种气候，让烟幕弹的影响力越大，人们才会形成从众效应。烟幕弹一定要铺天盖地，看准目标客户集中“狂轰滥炸”，这样才能在某个范围内形成有效的“杀伤力”。当然，这种烟幕弹在博弈中不可长期使用。

兵法所云：奇出于正，无正则不能上奇，不明修栈道，则不能暗度陈仓。用奇必须奇兵与正兵密切配合，如果没有正面攻击，就不会有出奇制胜，毕竟“人间正道是沧桑”。

### 试探，摸清对方手中的牌

某县城的百货商店有一批库存已久的衬衫。这天，正好是县城的集市，人流如潮。于是，经理命令把衬衫拿出来摆在门前。他想，今天也许会有一个比较好的销量。这么多赶集的人，即便 100 个人有一个人购买销量也很可观啊！

可是，直到上午十点，始终无人问津。时间一分一秒地过去，经理的心在经受时间的煎熬，他担心这季的销售任务又无法完成。

怎样才能打动消费者，调动起他们的购买欲望呢？

忽然，他计上心来，立即拟写了一张广告，贴在醒目的地方：我店衬衫，外贸品质。品种有限，特在集市期间限量供应，每人限购一件！

几分钟过后，一个老板模样的人走进来说："我经常有商务谈判，看看穿上这些外贸衬衫是否能提高档次？"这位客户试穿后很满意，于是提出要买三件。售货员微笑着说："很抱歉，需要经理签字，我实在无能为力。"客户正转身要走，经理说："卖给你 3 件。"并写了一张条子递给喜出望外的顾客。

这个客户一出门，又一个男人闯进来，他看到货柜上的确数量有限，看后马上拍板："我要两件！"就在售货员为难时，经理说道："我破例给您两件吧。"

不久，百货商店门外竟然排起了长队。经理的电话铃响了，经理有点应接不暇了。就这样，在一个小时内，居然卖了成批的衬衫。

这些顾客为什么心甘情愿地购买呢？就是因为他们对商家的底牌不清楚。因为经理是"恋爱约会"般的博弈高手，为了让消费者获得良好的第一印象，他通过伪装，尽量展示出自己最好的一面。

那么，在这种情况下，博弈的另一方如何识别对方的博弈手段呢？要通过试探，摸清对方手中的牌。

要试探首先需要接近对方，接近才能看清对方的真面目。因此，你千万不可以被对方虚张声势所蒙蔽，要有"不入虎穴焉得虎子"的勇气和胆量。

柳宗元的《黔之驴》是中国妇孺皆知的著名寓言。讲的是一头驴，被好事者用船运到黔（地名），起初老虎不明白这个庞然大物是什么，很畏惧。后来，当老虎逐渐接近，而且踢了驴一脚后发现，它其实只会仰天大叫，没有什么反击能力。于是，摸清底细的老虎逐步接近驴，最终吃掉了它。

在博弈中，试探对方的方法有：

**1. 火力侦察法**

主动抛出一些火药味浓的话语，刺激对方表态，以便看清对方的底细。这种方法也叫激将法。

比如，在商战中，即便有一家厂商的产品是你特别看中的，也不要马上成交。不妨向对方透露竞争者的优势，最好用打印好的具有说服力的明细表，了解对方的最低价格。

**2. 迂回询问法**

通过迂回询问，使对方松懈，然后出其不意，曲径通幽，探知对方的真实目的。

**3. 过失印证法**

主动犯一些错误，引诱对方上当，这样也可以看清对方的真实性格。

在博弈的过程中，没有人会过早地暴露自己的真实性格。在这种情况下，就会造成双方信息的不完全性。因此，试探，就是了解对方、接近对方的一种可行的方式。试探，就是为了知己知彼，这对博弈的成功很有作用。这样做，不是为了置对方于死地，而是为了看清底细，更好地合作，从而双方都能收获更多的利益。

## 为什么流行试婚：信息不对称

现在的商家的推销方式越来越人性化了。其中，“免费试用”是一个颇为有效的推销方式。但凡新出品的商品，如饮料、保健品、小吃之类的，都可以借“免费试用”让更多消费者亲身体验，再决定是否购买。好不好，试了就知道。对消费者来说，“免费试用”无疑比“不好就退货”更有利。

免费后来又延伸到男女的婚姻里来了。男女未婚同居式的试婚，相对结婚来说，可以在成本支出上要少很多；而“试用”，则是一种男女双向的“互试”，你试我，我也试你。这种方式的好处在于：男女双方不必承担夫妻之责任，却可以享受夫妻之权利。

无论是商家的免费试用，还是男女之间的试婚，在经济学家眼里，都是人类在努力打破信息不对称的迷雾。信息不对称是指交易中的各人拥有的信息不同。信息不对称造成了市场交易双方的利益失衡，影响了社会的公平、公正的原则以及市场配置资源的效率。

在古代的婚姻，直到掀起红盖头，男的才晓得女的的模样，女的才晓得男的的五官。至于双方脾气性格志趣，更是需要在婚姻生活中才能知晓。这种信息不对称，导致了无数婚姻悲剧。男女授受不亲，互相了解的可能性很小，那么，只有通过媒妁之言了，可是媒妁也不是可靠的信息传递，有些实行信息垄断，有些花言巧语、指鹿为马，为不实之言。

从前，有个豁嘴的姑娘待嫁，有个缺鼻子的小伙待娶。别看各自身体有缺陷，在找对象上还要挑对方没有残疾的。有个巧嘴媒婆为他们撮合，先对男方说：“姑娘没别的毛病，就是嘴不太好。”小伙子想：嘴不好，无非是好扯扯闲话，这可以改，算不得什么大毛病，于是同意了。

媒婆又对女方说：“小伙啥都好，就是眼下没有什么。”姑娘家产蛮丰，觉得小伙暂时穷点没什么，将来可以勤劳致富，何况自家嫁妆丰厚，也就应下了。

洞房花烛之夜，真相大白。双方都埋怨媒婆。媒婆说：“我早已有言在先，讲明了姑娘‘嘴不太好’，小伙‘眼下没有什么’，是你们自己同意的，现在反倒怪起我来了，这是什么道理？”

处于爱情中的男女，往往会有意无意地放大自己的优点、隐藏自己的缺点。结果双方处于一种信息不对称之中。还有一些青年在借鉴了前辈的婚姻悲剧之后，开始尝试试婚，这种彻底打破信息不对称的办法。

从理论上说，通过试婚可以让双方的了解更加透彻，有助于避免因婚前盲目引发的错误婚姻，降低离婚率，体现了社会的一种进步和人性的和谐。但要达到理论上的结果，试婚必须建立在男女双方有感情基础之上，有步入婚姻殿堂之意。

对于试婚，现也有不少人坚决地反对。美国心理学家约瑟夫·罗温斯基解释说："试婚常被美化为异常大胆、浪漫的举动，但实际上不过是逃避责任的托词。如果两人舍弃结婚而选择同居，那么其中一人或者两人都会在心里说，我担心对你的爱不够深，难以维持长久，所以在事情不妙的时候，我该有个抽身出来的退路。"

一项研究发现，婚前同居者的离婚率要比未同居者高出33%。另一项研究表明：婚前同居时间越长的夫妇，就越容易想到离婚。而且，研究者指出，同居者婚后生活不会很美满，而且对婚姻的责任感差。

看来，当经济学遇上心理学，矛盾就出来了。其实这也是人生常态：有得必有失。而对于试婚这件新生事物，我们既不要奉之为解决婚姻难题的锦囊，也不要弃之为引发道德沦丧的敝屣。反对者不妨冷静观之，拥护者不妨理智试之。

## 有的放矢，招招中的

在博弈中，每个人都有一些弱点免不了会暴露出来。那些博弈高手之所以招招出手都能让对方无法接招，就是因为他们了解了对方的弱点。这些高手往往对自己和对方的优势及弱点都了如指掌，而且会想方设法地加以利用，把对方的弱点作为突破对方防线的重点，并从对方的性格特点中找到致命的弱点，逼其就范，为己所用。

在《空城计》中，司马懿与诸葛亮的博弈之所以失败，就是因为他判断诸葛亮一生不曾用险。诸葛亮的确是个谨慎的人，但是，这次偏偏反其道而行，因为他看透了司马懿是常规思维模式的人，必不敢贸然行事。因此，城门大开。

在博弈中，如果你的情况几乎被对手调查得很详细，对手若在一些细小处对你进行出其不意的变化，反容易赢得主动。

很多时候，对方的弱点都不会主动暴露。如果双方都采取这种保守策略，博弈将永远维持在平衡状态。此时，必须有一方首先走出堡垒，按某种规律行动，诱使对方也走出堡垒，这时才能开始一场真正的斗智。

在博弈中，任何打法都会有相应的破绽。想战胜对手，唯有抓住对手稍纵即逝的破绽，才能减少自己的破绽。因此，一个善用策略行动的人，既要有自知之明，更要能利用对手对自己习惯及固有特点的了解，出其不意，把对手诱入局中。

要想在博弈中让自己百发百中，不被那些别有用心的人所利用，就需要具备看透人心的本领，识破对方的计谋。

20 世纪 60 年代初，法国在阿尔及利亚的战争泥潭中越陷越深，总统戴高乐决定尽快结束战争。然而，驻守在阿尔及利亚的法国军官们却阻止戴高乐的“和平计划”。

在这种情况下，戴高乐以慰问为名义，不动声色地向驻守在阿尔及利亚的军人发放了几千架晶体管收音机，供士兵收听。

在正式会谈开始的那天夜里，收音机里突然传来了戴高乐总统的声音：“士兵们，你们面临着忠于谁的抉择。我就是法兰西，就是它命运的工具，跟我走，服从我的命令……”这声音，这语气，跟当年戴高乐流亡国外，号召法国人民反击德国法西斯时的声音一样。

士兵们触景生情，不由回想起，当初他们跟着戴高乐，取得了反法西斯战争的胜利，今天难道能有别的选择吗？于是，大部分士兵开了小差，整个兵营变得空空荡荡。

就这样，戴高乐通过披露信息，不费一枪一弹便成功地控制了局面，赢得了政治上的一大胜利。

戴高乐之所以能在和阿尔及利亚的法国军官们的博弈中取胜，就是因为他看透了士兵们的心。士兵们是拥护自己的，是反对战争的。因此，他用收音机这个道具神不知鬼不觉地达到了自己的目的。

当然，看透人心首要对对方的信息进行充分的了解。只有充分了解对方，才能发布出可以供对方做出选择的方式。

在戴高乐和驻阿尔及利亚的法国军官们的博弈中，戴高乐是拥有话语权的一方，他可以通过向士兵传递信息来达成自己的目标。士兵们作为收到信息的一方，敏锐地判断了这个信息背后隐藏的更多信息，及时地抓住了对自己有用的信息并且加以正确地利用，做出了正确的选择。

所以，要想在博弈中想取胜，不仅靠以往的经验累积，还要靠你对对方长期的了解。这样，你发布的信息才有针对性，否则，你的目的就达不到了。

# 第四章

# 学会像枪手一样生存

在博弈的过程中，一般我们会面临着三种境地。一是我们可以像石匠对付石头一样，任意而为；二是对方和自己实力相当；三是对方比自己强，当我们打算攻击对方的时候，对方会步步紧逼，毫不相让，甚至会一招就把我们击退。此时，该怎么办？

当自己处于劣势时，学会保存实力，这是弱者的博弈之术。

当然，这种退不是彻底放弃，也不是向对方拱手称臣，而是先生存后发展。毕竟，人生中会有很多问题需要我们去解决，在适当的时机，退一步，积聚更多的能量，等找到有利时机再反击，就会顺利达到目的。

## 保存实力最重要

一名销售员在从偏远的地方，取到客户的一笔货款后，天已黑下来。在返回途中不幸遭遇抢劫。劫匪恐吓他说："把身上的所有钱都交出来，不然就杀了你。"说着就把手中的长刀放在了他的脖子上。此时，销售员首先想到的是报警。

但这个地方远离县城，虽交通方便，乡镇上就有警察巡逻。不到 10 分钟，警察就能来。销售员想如果他能巧妙地报警并能与劫匪周旋一段时间的话，自己的生命和财物就都能保住。如果不报警，钱财保不住，劫匪也会侥幸逃脱。那些钱可是厂里用来给工人开支的保命钱啊！销售员不能让钱落到劫匪手中。此时，销售员该如何选择呢？

我们不妨从销售员的角度出发，考虑一下他目前的处境。在和劫匪的博弈中，怎样选择才最明智？此时，他最佳的选择是"给钱不报警"。因为他和劫匪是一对一。他的一切动作都掌控在劫匪的眼皮子底下。如果在自己还没有走出危险区时，报警会引致劫匪慌乱，可能会使劫匪情急之中“狗急跳墙”，做出伤害他的事情。所以，保存自己的生命最重要。

应该选择的方法是：等劫匪一离开就马上报警，那时劫匪会只顾逃生，自己和警察联手也许就能把劫匪制服。这样，不但自己的生命可以保住，被抢劫的财物也会被追回。

博弈不仅仅靠能力，更需要智慧。智者以谋取胜。在枪手对决时，首先要做的不是击倒对方，而是先保护自己才是最重要的。只有先找一个合适的地方隐蔽自己，再找到合适的时机战胜对方。在博弈中首先要将伤害降到最低点才是最为关键的。这种先保存实力的博弈方式是最明智的选择。

生活中，有时人们可能会遇到一些意料之外的突发事件。当自己的生命面临着危险时，一味反抗是愚者的表现，那样只会伤人失财。先要生存，才能求发展。在进入博弈场时，明智的博弈家会在事情发生之前就把其最坏的结果想到，用“遇败即退，保存实力”的话来提醒自己。对于力量不够强大的弱者来说，生存下来是首要保证。因此，面对生活中各种各样的棘手问题，不要急于跟别人争强好胜，硬碰硬是得不偿失的，要学会保存实力。

小华在县城有一家汽修厂。生意红火后，他就有了新的发展思路，把汽修厂搬到市区。可是，把汽修厂搬到数量众多的市区，生存谈何容易！首先，几家在当地很知名的汽修厂就不容他。在他们看来，小华是来抢他们的生意的。于是，隔三岔五，他们搞各种促销手段。小华本在县城是里修理行业中的骄子，哪里受过这样的气？于是，修理工中有人想去和那些人硬拼，求个公道。小华想，此时，硬碰硬是不能解决问题的，自己是外来人，厂子投资不少，还没有正式营业。如果硬碰硬，损失最大的是自己。蛮干是不明智的，此时保存实力最重要，关键要找到对策，让自己的厂子先生存下去。

那采用什么方法可以站稳脚跟呢？

小华想到了老丈人在当地有一位朋友，于是他首先去拜访了这位熟人。

通过熟人的调停，再加上小华的低调，慢慢他的汽修厂有惊无险地存活下来。不到两年，凭着自己过硬的技术和良好的服务，赢得了客户的支持，生意如日中天。当然小华在自己生意红火的同时也没有忘记关照一下同行们。就这样，他不仅赢得了当地人的支持，也赢得了同行的支持。

如果当初硬拼，小华哪里有今天的跨越和发展。

俗话说："人在屋檐下，不得不低头"。在人生奋斗的征程上，不论你是在陌生的地域开疆拓土还是因为失意面临低谷，如果你处在"屋檐下"的境遇时，切记：保存实力是最重要的。不论创造一番大事业还是小事业，都是同样的道理。

要保存实力就需要自己暂退一步，避开锋芒。退一步，是让自己在生活中可以处于一个相对安全的位置。当然，退只是相对，而非绝对。退不是委曲求全，一味忍让，退既能保证个人安全，又能保全自己的最大利益，这样才能为自己争取足够长久的安全空间。

如果在生活中，你博弈的一方是自己的朋友亲人，那么，运用以退为进的方法不仅不会伤害到彼此之间的情谊，最关键的是可以将对彼此的伤害降到最低。这样做之后，就会发现原来事情可以很简单地解决。

保存实力需要退让，退让就是妥协。在现代生活中，善于妥协不仅是一种明智，而且是一种美德。善于妥协意味着将对方的利益看得和自身利益同样重要。

在个人权利日趋平等的现代生活中，人与人之间的尊重是相互的。只有尊重他人，才能获得他人的尊重。同样，也能赢得别人更多的尊重。

蒙牛在刚启动市场时，曾面临着竞争对手的挑衅和破坏。当时，牛根生采取了"为民族争气、向伊利学习"的方式，将这两句话打在产品包装上。蒙牛这种谦虚、实事求是的态度和宽广的胸襟，令人感到尊敬，获得了业界的好评。更加巧妙的是，蒙牛通过广告使自己与对方平起平坐，使消费者感觉蒙牛与这些品牌一样，也是名牌，也是大企业。这样蒙牛不仅保持了自己的实力，而且令自己的形象焕然一新，为自己赢得了更加广阔的发展空间，这种妥协和忍让是个人和组织生存的大智慧。

## 认清实力较量中的对比关系

在博弈中，一方能否获胜，不仅仅取决于他的实力，更取决于实力对比造成的复杂关系。特别是当你处在两股力量的抗衡中，要生存就要认清双方势力的对比关系。特别是身处在权利交替更迭的时代，处于争权夺利的利益中心，更需要动一番脑筋，用你的一双慧眼，看清实力较量中的优劣关系。这样，你才能很好地在与他们的博弈中站稳脚跟，从而谋得更大的发展。

在中国历史上，封建王朝时代，宰相的权力是相当大的，地位仅次于皇帝，是一人之下，万人之上的重臣。汉代宰相陈平曾经很好地诠释过宰相的职责，是："上佐天子理阴阳、顺四时；下抚万民、明庶物；外镇四夷诸侯，内使卿大夫各尽职务。"

在秦朝末年，英才辈出，被司马迁列入"世家"的，只有陈胜、萧何、曹参、张良、陈平、周勃六人。陈平能位列其中，足见其历史地位。

陈平之所以能从一个穷小子升为高高在上的宰相，受到汉高祖、吕后的信任，并且平步青云，这也与他审时度势、巧谋深算有很大关系。

陈平一生充满传奇色彩。陈平，少时家贫，喜读书，有大志，曾先后跟随过魏王和西楚霸王项羽，因不受重用、不被信任而离开，后来经人引荐才投靠了刘邦。二人纵论天下，言语之中非常投机，刘邦就把他留在身边。虽然刘邦阵营里不乏聪明才智之人，但陈平奇计多且善于谋略应变，深得刘邦信任。在楚汉交锋逐鹿中原期间，多次用他的智慧和谋略解救刘邦于危难之中，他和"三杰"一样，为大汉王朝的创立立下了殊勋。

可是，这样一个受刘邦厚待的人，当刘邦在病床上下诏令，要陈平到军中去砍下大将军吕后之亲信樊哙的头来。陈平却并没有遵从。他在路上对周勃说："樊哙是吕后的妹夫，眼下皇上病重，咱们可不能犯傻啊！"于是不斩樊哙，而是押送长安，让刘邦亲自去处理。果然，尚未到达长安，刘邦就驾崩了。于是，陈平在吕后面前有了话说："我奉先帝之命处斩樊将军，可我始终认为樊将军功大于过，怎忍下手？因此我只派人把樊将军送回来，听太后的发落。"

结果当然是"太后大悦"。陈平则被封为郎中令，在宫中辅助年幼的皇帝。

这之后，陈平还违心地拥诸吕为王，保住了右丞相之职，独居丞相之位，登上事业顶峰……

陈平之所以能登上人生的巅峰，是因为他认清了在权力的博弈中，刘邦和吕后实力对比的关系。因此，能够把握机遇，让自己的仕途大放光芒。陈平博弈的高超技巧，实在值得后人借鉴思索。

有些人可能会认为陈平对刘邦如此不忠心耿耿，可是，假如陈平忠于刘邦，杀死樊哙，能阻挡住吕后登基吗？恐怕不能！因为那是大势所趋。吕后的实力已经明显大于刘邦了。那样，陈平徒有忠义名节，可能无法保全自身，被吕后势力所害。因此，陈平这样做，是审时度势的结果。

因此，如果你处在夹缝中，要审时度势，认清制约自己的双方的实力对比关系，也就是说要"跟对人"。否则，可能人生会跌入低谷。

清朝乾隆皇帝好为人师，有时也妒贤嫉能。一天，乾隆在宫中设宴，突然雷声大作，天下大雨，乾隆顿时灵感来临，脱口而出："玉帝行兵，风刀雨箭云旗雷鼓天为阵"。群臣连声称好，然而阿谀奉承一阵之后，良久无人能对。乾隆便要纪晓岚续下联。纪晓岚推辞一番后，慢慢道出下联："龙王设宴，日灯月烛山肴海酒地当盘"。话音刚落，在座的大臣们一片赞叹。明显下联在气势上压过了上联。

此时的乾隆皇帝面无喜色，沉吟不语。这对于万乘之尊的皇帝来说，是不能接受的。

纪晓岚当然是明白人，见皇帝如此情态，忙解释道："圣上为天子，因此风雨云雷任驱遣，威震天下；臣乃酒囊饭袋，则只看到日月山海都在筵席之中。可见，圣上好大神威，为臣不过好大肚皮而已。”乾隆听到这些，立刻笑逐颜开，表扬纪晓岚说：“纪爱卿饭量虽然好，如果胸中没有藏着万卷书文，也不会有如此大的肚皮。”

纪晓岚之所以随机应变，是因为他明白在自己和皇上的博弈中，虽然才华胜出，但毕竟在权力的博弈中处于弱势。生杀大权在乾隆手中，得罪皇上虽然不至于杀身但也会对自己不利，自己虽有满腹才华，也无用武之地，因此，不惜自贬身价，使自己脱了险。

这个故事给我们的启示是：当你展现自己的能力给其他的人时，只要发现带有一定的危险性时，一定要给他人一个台阶下，这样做也许能圆满地消除他人对你的不满意，不至于让这种不满成为你前进路上的绊脚石。

合作打天下，要注意照顾到众人的面子，这是人际关系在博弈中实力对抗的关键。在博弈中一定要做一个“肚里能撑船”的人，否则，就会出现“龙游浅底被虾戏”的局面。

## 不妨向天空放一枪

人们在争取和保全利益的过程中，有时要发生一些矛盾和冲突，某个人的利益不可避免地会受到这样那样的威胁。在威胁面前，人们的主观愿望肯定是保全所有的利益不受损失。然而，当客观情况不允许人们做到这一点时，特别是当你收到来自比你强大的两股势力的攻击时，你该怎么办？枪手博弈就是弱者生存的智慧。

枪手博弈又称为多方博弈。大意是甲、乙、丙三个枪手都对彼此怀恨在心，于是决定持枪决斗，生死交由天注定。其中甲的枪法最好，乙的枪法稍次于甲；丙的枪法则是三人中最差的。这场看似不公平的决斗就开始了。

关于决斗方式，可以选择同时开枪或者逐个开枪？如果规定逐个开枪，经过概率推论：

当甲同时向乙、丙开枪时，他的存活概率为24%；

当乙同时向甲、丙开枪时，他的存活概率为20%；

当甲、乙同时向丙开枪时，他的存活概率只能是8%。因为他的枪法最差劲。

如果同时开枪，很明显，枪法最差的丙还会最先毙命。

从以上分析看，丙在这场决斗中是最失意者，存活率也是最低的。然而人都是自私的，每个人都有自己求生求胜的策略。丙当然不会坐以待毙，因此，他提出二人同时开枪，并且每人只配一发子弹。那么，一轮枪战后，谁活下来的概率最大，经详细分析，得出的结论竟然是丙。

这是为什么？

对于枪手甲来说，乙对甲的威胁要比丙对甲的威胁更大，因此，甲一定会对枪手乙先开枪。

同样的道理，枪手乙的最佳策略是第一枪瞄准甲。只要将甲干掉，对付丙自然是小菜一碟。

那么，甲和乙两虎相斗必有一伤，或者两死，或者一死一伤，或者两伤。不论怎样，相持对决时，甲和乙都会有所伤亡。那么，丙就可以不战而胜，坐收渔翁之利。

假如将对决规则改为轮流开枪，而且每个人只能有一发子弹。先假定开枪的顺序是甲、乙、丙。即使乙躲过甲的第一枪，轮到乙开枪，乙还是会瞄准枪法最好的甲开枪，即使乙这一枪干掉了甲，下一轮仍然是轮到丙开枪。所以，无论是甲或者乙谁先开枪，丙都有在下一轮先开枪的优势。

对丙来说，如果轮到他先开枪应该对准幸存下来的谁呢？此时，丙的选择是向天空放一枪，不要伤到任何一个人。

为什么呢？因为丙枪法最糟糕，如果打不中甲或乙，自己的生命肯定会受到威胁。他们射击的成功概率远远高于自己。因此，丙的最佳策略是胡乱开一枪，只要不击中甲或者乙，在下一轮射击中他就处于有利的形势，他就总是有利可图的。

综上所述，一轮对决之后，甲被乙、丙同时开枪的概率最大，而甲还能活下来的机会少得可怜（将近 10%），乙是 20%，丙是 100%。通过概率分析，你会发现丙很可能在这一轮就成为胜利者。

枪手博弈告诉了人们——弱者立于强者之中应怎样开枪，才能使自己活下来的机会大一些。

博弈的结果是：甲会选择对乙开枪，而乙和丙都会选择对甲开枪。因为他们都必须先杀死对自己威胁最大的对手才有可能存活下来，并且在下一轮对决中占优势。

在多人博弈中，常常会出现一些令人意想不到的事情，并造成出人意料的结局。它不取决于同时开枪还是先后开枪，而取决于谁是最危险的分子。

在多方博弈中，其实最容易遭到打击的是强者之敌，因为他是最危险的人物。因此，其他人的枪口都会对准强者。这样，最优良的枪手，倒下的概率最高。而最蹩脚的枪手，存活的希望却最大。因为没有人会把威胁最小的枪手列为自己最强的对手。因此，他也是最为安全的。

枪手博弈就是弱者在与强者的博弈中智慧的显示。生活中，弱者欲在群强中取胜，需以枪手博弈论为战略。如果不懂得使用策略，一味蛮干，与人争强好胜很可能最终会伤害自己。所以，遇到事情的时候，我们一定要看清楚自己的立场，看清自己和对手之间的差距，找到自己的生存之道。

“向天空放一枪”，也是一种置身事外的态度。很多时候，我们斗不过别人，唯有采用一种旁观者的角度来处事。置身事外是博弈的一种高手段，目标是在混乱的时候保护自己。当一场冲突很严重的时候不是打倒对方而是保护好自己才是最重要的，并且在这个时候找到有利于自己的位置。

学会置身事外是一种智慧，当你学会了这样的处世哲学之后，你看待事物的角度就上升到了一个更高的层次。当你与世无争的时候说不定你所向往的利益正在向你走来。善用此方法的博弈者，在生活、工作中都会游刃有余，使自己立于不败之地，为自己博得最大的利益。

## 树立自己的威信

当今社会，竞争非常激烈，如果你永远以弱者的面目出现，那么当你面对对手的要挟时，一定要毫不屈服，果断予以反击，否则，不仅自己蒙冤受损，还心情不愉快。

你可以不侵犯他人，但是，当他人侵犯你时，一定要毫不妥协地拼到底。

弱者常常处在社会的底层，不论财富还是地位都少得可怜。因此，也常常会遭受一些霸道的强者的欺压。此时，不能忍气吞声，要奋起反抗。如果你不反抗，就是给霸道的强者更多施恶的机会。弱者只要奋起反抗，强者也会退步的。

当然，要和强者博弈也需要智慧。因为自己本身是弱者，和强者的势力不在同一水平线上。所以，需要开动脑筋，想出博弈的方法。

在这里，不妨借鉴一下古人的智慧：

南唐人张易担任歙州掌民钱谷和狱讼的通判时，刺史宋匡业常借酒装疯欺负人，没有人敢冒犯他。有一次，张易在赴宋匡业的酒宴前，先行喝醉，入席后没多久便借小事生气，摔酒杯掀桌子，还大呼小叫乱骂一通。

宋匡业见了不知如何是好，只好说："通判喝醉了，不要惹他。"

一旁的张易虽已声音沙哑，仍叫骂不停。不久张易要离去，匡业马上派人扶张易上马。从此，他对张易态度恭敬，不敢再像以前那样借酒醉欺辱别人。

当然，树立自己"不好惹"的名声，有时，仅靠自己难以办到，因此，你可以借助一下身边的力量。

英国的一家大公司日常工作报销的费用开支很大，于是总经理聘请了一位面孔冷酷、资历很深的会计师，总经理还告诉所有的员工说："他是公司专门请来审核所有的报账费用账簿的，直接由我领导，任何被他揭发报假账的员工都必须开除。”

结果，这个会计师冷酷无情的面孔先把部门主管们镇住了。每天早晨，主管们都会把一大摞各部门的费用账簿摆在这个会计师的办公桌上。晚上，又把这些账簿拿走。在会计师到任的一个月内，奇迹出现了，公司费用开支降低到原来的 80%。

其实，这位被请来的会计师根本未曾翻阅过那些账簿，他只是利用自己威严的形象把人们镇住了。

在职场上，员工和老板的博弈也是最常见的现象。如果你是一位职场人士，那么你与老板之间所进行的最为“惊心动魄”的博弈，一定是围绕薪水进行的。在这种博弈中，老板会想办法“对付”员工，员工也会想办法“对付”老板。当然，相对于员工来说，在和老板的博弈中，员工是弱者。所以，如果想要让老板给你加薪，如果你没有智慧，就不会得到加薪。

当工作和薪酬不成正比时，有些人选择的是另寻高枝。可是，到陌生的公司，一切都要从头再来，也不是一种明智的“反抗方式”。

当然，博弈要有智慧，在向老板要求加工资时，除了把加工资的理由一条一条摆出来，还需要详细说明你为公司做了什么贡献为什么应该提高报酬，确定自己提出的加薪数额。你提出的加薪数额，应该超过你自己觉得应该得到的数额。否则，提出的数额越低，在老板眼里的你的价值就越低。反过来，如果提的数额合理而且略高一些，会促使老板重新考虑你的价值，对你的工作和贡献做出更公正的评价，还会因此改变你的工作条件等。

员工如果理由充分，又有事实根据，老板会设法调整，最后达成有利于你的可能性方面。并且他会改变对你的评价和判断，所以，人在博弈时，不仅需要勇气，更需要揣摩与试探对方的策略。

不论在生活上还是在事业中，有智慧的人都能够取得成功。因为这就是建立自己的品牌形象的重要性，当然，博弈最好的策略就是让别人相信你是一个有能力的人。

当然，这种有能力也是在自身硬的基础上。只有这样，才能得到社会舆论和其他人的支持。这也是你在博弈中战胜强者的又一策略。

## 用“劣币驱除良币”

明朝嘉靖时，朝廷为了维护铜币的地位，曾发行了一批高质量的铜币，结果却使得盗铸更甚。原来在市场上流通的一般铜币质量远低于这些新币，盗铸有重利可图。铸币者还往往磨取官币的铜屑来铸钱，导致官币分量逐渐减轻，同私铸的劣币一样；新币大量被人收集到一起，熔化后按照较低的质量标准重铸，私铸者从中获利。

虽然，嘉靖颁布法律，严厉打击了这些盗铸者，可是，奇怪的现象出现了。大量质量低劣的伪钱依然很快占领了市场，并引发了劣币驱逐良币的效应。最后，朝廷花费了很长的一段时间和很大的财力才收回这些劣币，从而继续发行足量的官币。

这个故事给我们的启示是：貌似弱小、处于劣势的人要想立于强者中，可以运用这种劣币驱除良币的博弈方式。弱者并非任何时候都是强者的牺牲品。只要弱者善于去发现并利用强者的短处，一样可以将强者变为自己谋求利益的武器。

具体的操作方法有以下几种：

**1. 挑动强者对决**

在自己处于强者的夹击中，明知枪手 1 和枪手 2 的枪法都比自己准，都会把自己置于死地的时候，你可以找个理由让枪手 1 和枪手 2 先对决。那么，即使不能同归于尽，幸存的另一方也会伤痕累累，此时，你可“坐收渔翁之利”。

有一年，森林遇到了百年不遇的灾害，只剩下了一只狐狸和两只狼，一只黑狼，一只白狼。当然，弱小的狐狸对于凶残的狼来说，不是对手。两只狼凶相毕露，要吃掉这只狐狸。

狐狸九死一生，当然不甘心落得如此下场。一天，它说："你们两个都想吃我，可是我又瘦又小，不足矣让你们两个都吃饱的。倒不如这样吧，你们两个打架，谁赢了，谁就是英雄！我在树上刻上它的名字，让后世的动物都臣服于它。当然，我也心甘情愿被它吃掉。这样，你们之中的强者也可以饱餐一顿。"

急于择食的狼早已饿得晕头转向，它们听到不仅可以当大王，而且可以独享美味，根本没有仔细分辨狐狸的话，便不由分说就打了起来。这时，眼看白狼就要赢了，狐狸上去就咬了白狼一口，黑狼反败为胜。就这样，它们足足打了两天。最终，黑狼赢了。对狐狸说："我可以吃你了吧。"但是，黑狼已经累得气喘吁吁，连吃狐狸的力气都没有了，反而被狐狸上去一下打死了。狐狸吃掉了两只狼，不但度过了饥荒，而且还有力气去寻找更适合自己成长的领地。

在和两只饿狼的博弈中，狐狸本来是弱者，但是，它运用了自己的智慧，起到了"劣币驱除良币的"效应。出力最少，收获最大，这就是狐狸的生存之道。

### 2. 先退后进，挖空对方资源

商战中，这种"劣币驱除良币"的博弈模式也很常见。当你打不过强者时，可以先抽身而退。像挖地道一样暗度陈仓。把对方的资源挖空，对方就没有了再翻身的机会。

有三家绸布店，在销售淡季时，其中两家都率先挂出"舍本大甩卖"的招牌，一时两家都顾客盈门。

第三家位置偏僻，即使打起价格战，也不一定是前两家的对手。于是，老板心生一计。他放出风来说自己已赔得太多了，再不能支持了，索性先关了店面，不去和另外两家争生意了。这一下，另两家更是不惜血本把价钱大降特降。果然他们的生意出奇的好，很多人都是成捆成捆地买，不多日，竟然断货了。老板多方筹措也买不到丝绸。这下，扑了个空的顾客反而埋怨他们不守信用。

此时，第三家店面开始营业，并生意兴隆。原来，此前在前两家店面购买丝绸的许多顾客都是第三家店面的老板雇去的。当然，那些货物也都以便宜的价格到了第三家店面，目的就是为了把前两家的店掏空。

就这样，前两家店面中一家倒闭，一家成了第三家的分号。强者落了个两败俱伤的结果，弱者却从中得了大利。

在博弈的过程中，三方或多方制衡的情况无处不在。此时，聪明的博弈者要能看透其中的利害关系和互相联系之处，先抽身退出，找出自己胜利的机会。

### 3. 职场博弈

在职场中，员工和老板的博弈中，员工无疑是弱者。员工需要和老板博弈，必需开动脑筋，想办法让自己目的达到。

海瑞在浙江淳安当知县的时期，正是严嵩权倾朝野的时期。浙江总督胡宗宪本身是严嵩的同党。胡宗宪仗着有后台，到处敲诈勒索，他的儿子都横行霸道。

一次，胡宗宪的儿子带了一大批随从经过淳安，由于受到了普通客人般的招待。这位平时养尊处优的胡公子大动肝火，认为是海瑞指使手下人有意怠慢他，不但掀翻了饭桌，而且还让随从把招待他的人捆绑起来，吊在梁上。

海瑞接到报告后，觉得事情非管不可。但是，鸡蛋怎么碰石头呢？海瑞思考片刻，有了主意。他镇静地对差人说："胡总督可是个清廉的大臣，也没听说他的儿子骄横霸道。现在来的那个公子一定是坏人冒充的。"于是，海瑞带人把胡公子和他的随从统统抓了起来。

一开始，胡公子仗着父亲的官势誓死反抗，但海瑞一口咬定他是假冒公子，还说要把他重办，他才泄了气。等胡公子回到杭州向他父亲哭诉的时候，海瑞早已将有人冒充胡公子、非法吊打差役的报告上报胡宗宪。此刻的胡宗宪明知儿子吃了大亏，也不敢声张。那样，全天下都知道他有个管教不严的混账儿子了。因此，打落门牙也只好往肚里咽。

海瑞之所以能战胜上司和他的儿子，就是因为他知道胡宗宪要保护自己的面子和清廉的名声，因此才为胡宗宪设计了一个两难选择：承认是自己的儿子，损伤自己的威严；不承认是自己的儿子，伤害了儿子的利益。对于胡宪宗来说，毕竟清廉的名声最重要，既然儿子的利益已经受到损害，也就假戏真做。海瑞的目的达到了。

由此可见，在与上司的博弈中要想胜出，一定要找到那个双方都能接受的均衡点，这样才能达到目的。当然，这种方法只能点到为止，否则，过犹不及。

第五章

# 不要动不动就“掏心窝子”

社会上，有些人特别是性格外向的人，总有这样一个毛病：肚子里搁不住事，有一点点喜怒哀乐之事，就想找个人谈谈；更有甚者，不分时间、对象、场合，见什么人都把心事往外掏。这些人不明白，其实，并不是每个人都是你倾诉的对象。和人初次见面，或才见过几次面，就掏心掏肺并不是明智的做法。毕竟，人和人之间从初次交往到彼此熟悉，成为朋友，需要一个过程，要给对方一个心理铺垫。至于对还不了解的人，更要有所保留。

在博弈中，对对方掏心掏肺的结果是，把自己置于信息不对称的一方。别人看清了你，而你看不清别人。人性复杂，如果对方是别有用心的人，那么，你若一下子就把心掏出来给对方，用心和他交往，就有可能受伤害。

## 为什么林冲总被骗

行走在社会上，总要和形形色色的人打交道。这其中，有心地善良、真诚帮助我们的人，也有不怀好意、处处想骗一把的人。他们中有的是想骗钱，有的是为了要弄心机，显示自己的聪明。可是，许多人在为人处世的博弈中不懂得设防，对谁都是一片好心，十分厚道，万分热情，不知不觉，成了骗子利用的工具。林冲就是这样一个典型。他不但在和高太尉的博弈中被骗，甚至在和陆谦、押解他的差人等博弈中，都因缺乏防备心理而屡屡上当。

在《水浒》中，梁山一百零八将个个都给我们留下了深刻的印象，但是，提到林冲，我们都免不了要哀叹一声：“唉，好人没好命啊！”

林冲生性耿直，爱交好汉。武艺高强，惯使丈八蛇矛。这样一个威武不屈的“豹子头”，一个响当当的八十万禁军教头却突遭变故，家破人亡，不得不投奔梁山。除了林冲性格懦弱，不敢反抗外，主要原因是因为林冲单纯，把身边所有的人都当成好人。

表面上看，林冲是因为带刀误入“白虎堂”违背了军令。高俅不管三七二十一不容林冲争辩，就把林冲关进了大牢。但是，所有人都知道这是一个骗局。

高衙内因为对林冲的娘子无法得手，卧床不起。高俅痛心。为了成全自己的干儿子，高俅只好找碴。高俅深知林冲做人正直，没有什么小辫子可以抓到。有什么办法又能抓住林冲，又能使林冲使其无话可说呢。经过一段时间的酝酿，最终，高俅决定通过陷害林冲这种方式达到自己的目的。

那么，这个阴谋的执行者是谁呢？始作俑者就是林冲的铁哥们——陆虞候。

高衙内有两个铁哥们儿，一个是“千头鸟”富安，一个是陆虞候陆谦。当富安得知主子烦恼的原因后，便推荐了一个人——陆谦，让他完成骗林冲的任务。

于是，隔天，陆谦就去林冲家，以喝酒为名把林冲骗出了家门。但他却没有把林冲带回自己家，而是带着林冲到了一个酒馆里。林冲在激将法的诱惑下，买了刀。

结果，第二天一大早，就有两个差人来找林冲，说是高太尉知道林冲买了一把好刀，想叫林冲拿着刀去和自己那把比一比，林冲想都没想，就拿着刀，高高兴兴地跟着那两个差人到了太尉府。

结果被高太尉已带到闯入白虎堂为名，发配。

林冲被刺配沧州后，高太尉又派陆谦暗中送给监押十两银子，要他们在半路杀死林冲。于是，当他们来到幽深的树林中时，监押找借口说：“我们俩要睡觉，所以要把你绑起来。”这句话看似平常，确是两人的借口，这是在为下面杀死林冲做准备，让林冲无法反抗。此时，善良的林冲毫无防备。

等鲁智深出现，要杀死两人时，林冲还求情说：“师兄不要杀死他们。这不关他们的事，全是高俅要加害于我。”林冲一直执迷不悟，一再被人利用。

社会是复杂的，在人际交往中，有一种人就是当面一套，背后一套，明里是盆火，暗里可能是把刀。为了达到他们的目的，可以笑脸对待所有人，然而转过身去，就可能对“故人”“恩人”等下毒手。因此，在为人处世的博弈中，特别是在和不怀好意的人的交往中，想要对付骗子，首先就要知道他们是怎样行骗的。

概括来说，骗术约有三种：利益、亲情、要挟。这三张牌抓住了人的心理特征和性格弱点。因为许多人都有贪图小便宜的心理，所以骗子常会以重奖、提升等利益来诱惑；亲情是这个世界上人们最为看重的，也是支撑人们事业成功的关键。因此，骗子常常以亲人病重或者出事等后院起火的方式扰乱人的想法；如果骗子对你的弱点有所了解，他们也会以此要挟你。上文中陆谦知道林冲不敢冒犯高衙内这个上司的儿子，因此，对林冲的骗术屡屡得逞。

在以上三种情况中，人们往往抵抗能力很低，尤其在缺乏冷静分析判断的情况下，会在不知不觉中进入骗子的圈套。所以，一定要提高警惕，遇到类似情况，先不要激动冲动，要冷静，分析判断其真实性，以免误入骗局。

总之，与那些不怀好意的人交往的过程就是防骗、识破骗子花招的过程。因为他们的目的就是用尽各种手段和方式来骗你。因此，训练自己具备一双慧眼，懂得一些保护自己的方式，多长几个心眼儿，识破骗术，不要让自己像林冲一样，让骗子屡屡得手。

## 最熟悉你的人有时会伤害你最深

在囚徒困境中，囚徒之所以选择背叛同伴而接受警察的条件，是因为他们彼此互不信任，都相信对方会背叛自己向警察坦白罪行。因此，警察在与囚徒的博弈中胜出。囚徒这样的互相背叛也说明了大多数人普遍的心理共性——大难临头各自飞。

虽然，人与人之间需要信任，特别是好朋友之间更需要以诚相待。但是，只有信任是不够的。因为利益面前，人们首先会选择对自己有利的事情，置朋友的利益于不顾。因此，在为人处世上特别是与好朋友的交往中，也不可全部掏心窝。即便你再怎样把朋友当成自己人一样看待，朋友总是朋友。一旦你和他们的利益发生冲突时，他们也会做出有利于自己而有可能不利于你的选择。而且越是你身边最亲近、对你最了解的朋友，有时反而会伤害你最深。

中外历史上，因为对身边的人不设防，而深受欺骗和伤害的大有人在。在中国古代历史上，李斯对韩非的迫害，庞涓对孙膑的迫害，都是好朋友设下的计谋。林冲也是被熟悉的朋友所害的典型代表。

这些英雄们的悲剧足令人扼腕叹息。

一位小伙子和一个哥们私交甚好，常在一起喝酒聊天。一个周末，小伙子备了一些酒菜约了哥们在自己家喝酒。俩人酒越喝越多，话越说越多。酒意微醉的小伙子向哥们说了一件他对任何人也没有说过的事："我大学毕业后没有找到工作，有一段时间心情特别不好。一次和几个哥们喝了些酒，回家时看见路边停着一辆摩托车，一个朋友见四周无人撬开锁，我就骑上去把车开走了。这都是混混们干的事，可我这个文明的大学生也会做出来，想起来真后悔。不管咋说，事情都过去了。我再也不会这样做了。只是感觉说出来心里还舒坦一些。你我是好朋友，相信你也能原谅我一时的冲动。"朋友当时没说什么。

三年后，小伙子由于表现突出，村里人一致推选他当村主任候选人。乡镇领导也尊重群众的意见，很郑重地找小伙子谈了一次话。小伙子也表示一定加倍努力，不辜负领导的厚望。

没过两天，在当地进行公开的群众选举。但是，就在乡领导根据选票要提议让小伙子当村委会主任时，有人却高喊道：他曾经是个小偷，我们不能让这样的人当村主任。领导面临这种突然的变故，无奈只得宣布调查再说。

事后，落选的小伙子了解到是自己的哥们从中捣了鬼。原来，在候选人名单确定后，那个哥们便把他那天酒醉后说出的话透露出去了。而这样的人品，群众怎能放心当领导？

为什么身边的朋友会陷害自己最深呢？一是因为自己没有防备之心，二是也和他们自己固执、听不进他人的意见有关系。有些人总是一厢情愿地把朋友视为生死知己，容不得别人说坏话，当然把别人的忠告也当成了耳旁风。

在王安石变法中，吕惠卿是王安石最看好、最重用的知己、朋友。无论大事小情儿，王安石都要先和吕惠卿商量后才能实行，就连奏章都由吕惠卿代笔，已经把他当成了同舟共济的知己。但当王安石失势时，吕惠卿马上翻脸不认人，极尽排挤、陷害王安石之能事。

当时，司马光意识到王安石的问题出在用人不当，特别是任用了吕慧卿这样有才少德的“小人”，曾经在对宋神宗的信中和致王安石的信中都有所提醒。可是，王安石依旧我行我素。最后，当司马光被吕惠卿排挤离京时，还提醒王安石注意吕惠卿，可是，王安石依旧当成耳旁风。

变法失败后，吕惠卿竟然把王安石之前给自己的“变法事未定，先不宜为皇上知”的亲笔信奉献给皇上，告王安石欺君的罪名。

可怜王安石，被这个“知己朋友”的暗箭射落马下。

其实，不光是王安石，社会上有些人之所以被亲信、密友所害，也有着和王安石一样固执的性格和一厢情愿的天真美好的愿望。

这些人的思想中总存在这样的认识：好朋友肝胆相照，不会背叛自己。大家都这么熟悉了，低头不见抬头见，他们做出伤天害理的事情会不好意思的。即便有人提醒他们，他们也会想，连兔子都不吃窝边草呢？这样的思想让人们认定了自己与他人之间是重复博弈的关系，也正是这种在重复博弈中出现认识上的盲点才让许多人走入了误区。

岂不知，“兔子不吃窝边草”是因为它暂时不饿，是因为其他地方有着更令它向往的草。因此，它要利用窝边草来保护自己。可是，一旦当它发现窝边草比其他地方更加肥美，焉能不动心？何况它为了利益可以撕破面皮，不想再保持和朋友的关系。在人人都讲利益的时代，仅凭友情有时是靠不住的，特别是当你面临和朋友一起分配利益的时候。

如果你毫不设防，把自己一些不甚体面、不甚光彩，甚至是有很大污点的事情随便告诉一个别有用心的朋友，关键时刻，这个朋友会拿出你的秘密作为武器回击你，使你在竞争中失败。这时，以前你们反复进行的重复博弈随时就可能变成一次性博弈。因此，在为人处世的博弈中，要提高警惕，不仅要防范陌生人，还要防范身边的朋友。

天下没有不散的宴席。再要好的朋友也不会和你永远站到一条战壕中。他有他的人生目标，他有他的选择方向。因此，要防止被熟悉的人暗箭中伤，首先需要有一颗“防人之心”。有一颗防人之心，是每个人必须经历的一堂课。尽管我们都希望人人都像朋友一样友好，可是他人并非如此考虑。他人不会损失自己的利益去成全你，有时甚至会与你争夺哪怕一丁点儿的利益。因此，无论什么时候，我们都要明白，害人之心不可有，防人之心不可无。尽管我们应该善良地去处事，宽容地对待他人。但是宽容不是纵容，善良也不是毫无戒心，对狼一样的人不需要心存善良。

当然，这并非就是说朋友不可信，只是让那些对什么人都没有戒心的人多一个心眼儿。如果能有防人之心，又有识破他人心理的一双慧眼，那么，你就可以及早发现危险信号，并且识破他的阴谋，让自己的利益受到保护。有一颗防人之心就会有所戒备，不至于出现东郭先生的悲剧。

## 防人之心不可无

社会上，有些看似凶恶的人，却可能心如暖阳：而有些看似老实的人，却可能有着蛇蝎心肠。因此，我们不但要有一定的提防之心，而且还要具备一双能识别人性人心的慧眼。

那么，怎样才能识别出那些别有用心的人呢？

一是通过某些是非问题来了解其立场；二是告诉危难情况和灾祸，来了解其品行；三是给予其得到财物的机会，以观察其是否廉洁；四是嘱托其办事，以观察其是否守信用；五是可以借喝酒看其言行。

1. 拖延封赏

古代赏赐和加官晋爵是小人所追求的目的，为了达到这个目的，他们往往会伪装成君子的样子。因此，很多君王在应该封赏时，故意拖延，看看他们是否会会闹情绪或者做出背叛的举动。根据这些识别出别有用心之人。

2. 远离阿谀奉承

小人最擅长的是阿谀奉承，他们这样做的最终目的是从掌权者身上得到回报，一旦他们取得掌权者的信任或任命，他们的真实嘴脸就会暴露出来，说不定会对有知遇之恩的人反咬一口。

孔子有句名言说：“巧言令色，鲜矣仁。”因此，一定要留意自己身边一味说好话的人，切不可因为他说的都是自己爱听的话就重用他，提拔他，那样做无异于养虎为患。

3. 识别道貌岸然的伪君子

伪君子常常表面伪装得一副模样，暗地里却做着违反伦常、伤天害理、阴险狡诈的事情。如果你信任他而疏于防范，反而会使自己所受到的伤害更大。因此，对于这些伪君子，你可以用利益来考验他，或者告诉他有危难情况和灾祸，来了解其品行。如果他“大难临头各自飞”，那其他的一切显然都无从谈起。

4. 不要轻易相信外表柔弱的人

柔弱者大多并非什么恶人，之所以要对他们加以防范，是因为有些柔弱者有可能被奸者、邪者所利用。他们往往欺上瞒下，无恶不作；在强者面前奴颜婢膝，阿谀奉承，在弱者面前却盛气凌人，横行霸道，他们以柔来掩盖真实的丑恶嘴脸，然后趁你不注意狠狠地戳你一刀。因此，千万不要以为他们柔弱的表象会给自己带来安全感，那只是自欺欺人。

宦官石显在皇帝面前常显出一副柔弱受气的神态，因此，他的柔弱博得了皇帝的同情和信赖。于是，他充分利用皇帝对他的宠信而日益骄奢淫逸，滥施淫威，胡作非为。

可见，正是这种外表看来柔弱的人才善于耍弄手腕，以所谓的柔来蒙骗上司，以达到欺上瞒下的目的。

### 5. 坚决和赌友绝交

千百年来，有不少人就是被赌博害得家破人亡。人一旦嗜赌成性，便会从此走火入魔。因此，在交友中，千万不要和生性好赌的人交往过深。因为这些人往往是图谋你的钱财。对于赌友这类人的好心也要有所提防。否则，你就有可能悔之晚矣。

有公司的一位经理在澳门旅游时被一位好赌的朋友拉进了赌场。他小赌一把后偶有赢利，从此染上赌瘾，一发而不可收。最终将国家的4000多万元人民币输进了赌场，本人最终被绳之以法。

### 6. 防备“同舟”之人

“同舟共济”本来的意思，是指在困难面前，彼此能够互相救援，同心协力。但是，朋友并非一成不变，个体的友谊有时经不起考验。建立在一定利益基础之上的“同舟”，总有各奔东西的一天。事实上，在一些时候，同舟之人未必能共济，因此，我们有必要多长点心眼儿，予以防备。

朋友的改变有以下原因：

一是人品的改变。当面临大是大非时也是考验一个人人品的最好时刻。那时，你会发现，即便是曾经肝胆相照的朋友也可能经不起富贵的诱惑。因此，一旦朋友的人品发生了改变，这个朋友也不用交了，否则可能是在你的身边安装了一个炸弹，稍微不小心就会把你给出卖。

东晋大将军王敦的兄长在失去王敦的依靠后，想去投奔王舒。当时，他的儿子劝说父亲去投奔王彬，父亲训斥道：“王敦生前与王彬没有什么交往，那小子那儿有什么好处？”

可是，他儿子说：“王彬不趋炎附势，这就不是一般人能做到的。现在看到我们衰败了，一定会产生慈悲怜悯之心。而王舒一向保守，心胸狭窄，怎么会开恩收留我们呢？”可是，父亲不听，拉着儿子径直去投靠王舒，被王舒淹死在江中。

二是志趣的改变。俗话说：道不同不相为谋。当初是交心的朋友，现在却因为各自的趣味和志向发生变化，此时不必勉强，否则，他无意中的不配合也会坏大事。

三是交情的改变。随着时间的推移，两地空间阻隔，就算曾经是很好的朋友，也会变得陌生。假如你需要他们帮忙或者有要事和机密之事需要托付给他们时要慎重。在你不了解的情况下，他们的举动很可能办坏事。所以，千万不要贸然相托。

不论是朋友还是其他人，在交往中，虽然时间可以考验友谊，但是，任何事情都要防患于未然，人如若能练就在事前识别出奸人小人的本领，则可将自己在博弈中受到的伤害降到最低程度。

## 热情也要有分寸

热情的人总是受欢迎的。但是，热情要给人自然、舒服的感觉。如果不舒服，热情就会成为多此一举，就会落得出力不讨好的结果。因此，热情要讲分寸，掌握个度，过了这个度，就会让人感觉不舒服，效果只能是适得其反。

提起热情，人们会想到服务行业。在服务行业，对顾客热情相迎当然比冷冰冰地待客更让客人舒心满意，但如果不讲究分寸，服务过分热情了反而会引人反感。

比如，走进饭店，门口站着两排人，异口同声地说：“欢迎光临”，再给你鞠上一躬，弄得你不知所措。客人进房间以后，想休息一下，正在宽衣，门外却有人敲门：给您送茶。吃完早饭回来，已经有服务员在给你打扫房间，可你的东西还没收拾。吃过午饭，想休息一下，刚躺下，有人敲门给你送水果。

这些过分的热情就是打扰。

还有些热情不分场合，用错了地方，更让人无法接受。

某国际会议中心，令人们想不到的是：每个厕所居然都安排一位服务员。当你轻轻推动厕所的大门时，门开了，里面站着一个人，这个人不是上厕所的，而是迎接你的。他一弓腰，引导你往里走。你站在便池边，服务员站在你身边，可想而知，客人是怎样地不自在啊！当你洗手时，他拿出一张手纸递给你。虽然热情周到，但是没有考虑到客人的心理感受。厕所是隐私的地方，这种热情服务显然放错了地方。

这种过分热情的表现就是没有掌握热情的分寸。这种过分热情就会让人觉得有种被侵犯了的感觉。

商家都知道顾客是上帝，也想让顾客享受上帝的感觉。但是，上帝的隐私也不愿意被人知道，上帝也需要一定的自由度。如果商家不了解客户的心理感受，必定无法令客户满意。这些企业在和同行的竞争和博弈中恐怕也无法胜出。

这种热情过度的现象如果说是企业管理者的错误决策导致的话，那么，在某些员工身上也存在。表现在上下级关系中，有些员工总认为和老板走得近会表现出自己很有价值的一面，殊不知，这样并不会抬高自己的身价，反而会适得其反。因为过分的热情，会让人产生你在讨好上司的印象。

美美和她的上司因为年龄相仿，性格、工作风格也十分相似，因此经过几次接触后，关系变得特别好。他们不但在工作中配合默契，而且，上司出席一些宴会时也会带上美美。当然，美美也不负众望，不是替上司喝酒应酬就是和其他客人周旋，一切配合得天衣无缝。

由于两人在一起的时间比较多，上下级关系似乎也摆平了，平时在办公室忙完工作也会随便聊天，谈笑风生。这种情况，让那些对上司望而生畏的新员工无比羡慕。但是时间一长，这种关系就招来了员工的非议，有人说美美是上司的小蜜，甚至有人说他们是情人关系。

上司听到后，从此就留了心，想慢慢地疏远美美。可是美美认为自己行得正，走得直，又没有做出格的事，依然如故。

有一天，上司正在办公室，美美像往常那样，没敲门就大步流星地走进去，笑嘻嘻地刚想开一些轻松的玩笑。没想到上司的脸色一下变了，厉声地对她说：“这是上班时间，不要谈论与工作无关的事情！快出去！”

没过多久，美美就被调到了另一个部门。即使两个人偶然碰到，也只是尴尬地点一点头，再也没办法回到以前那种自然的状态。

职场中，很多人经常忽视这两个因素，以为只要搞定上司，就可以前途无忧。于是拼命地向上司靠拢，反而适得其反，不仅可能被同事算计，还会在上司那里彻底失去机会。任何把自己的地位建立在与上司保持亲密关系上的人，就像要在沙滩上盖一座坚实的房子一样是痴心妄想。看上去风景独好，其实一推就倒！职场人士切记，无论到什么时候，上司就是上司，你必须保持敬畏和恭维，保持几分仰视的姿态。

热情过度的现象不论在职场上还是生活中都存在。有些正在恋爱的人，不论大街上有多少人，也不论和恋人的关系是否到达亲密无间的地步，都喜欢夸张地喊一声“亲爱的”，以向人显示什么，这明显是在利用热情。

还有些人，动不动就声称别人和自己是两肋插刀的铁哥们，因此，在他人家里就像在自己家一样随便。这种热情也让人不能忍受不。

人际交往的过程就是博弈的过程。太近则会被彼此伤害，太远则会关系疏远。有一定的距离感才是尊重对方的表现。但是，老实人常常不懂得这些，总认为亲密就要无间，保持距离就会疏远，因此对谁都热情有加，对朋友更是亲密无间。殊不知，只有距离才能产生美。即便是一对情侣，如果还没有步入婚姻殿堂，热情过分，没有保持他们之间的陌生感，一切也会滑入混乱和庸俗的境地。

因此，不论是在亲情还是在友情、爱情等方面，要想为自己营造一个良好的生存环境，就应该与他人保持一个能产生“美”的距离。把握热情的分寸，是人际博弈中理性和自制的表现。这样，既让他人有安全感，也让旁人无法挖你的墙脚。

## 口不择言闯大祸

俗话说："一言可以兴邦，一言可以乱邦。"就这句俗话而言，足以证明说话谨慎小心的重要性。

一对情侣到一家服装店买衣服，为了一条裤子讨价还价，老板坚持要60元，女孩坚持给50元。老板不卖，女孩拉着男朋友要走。老板脸色一变说了句："60块还讲个没完，没钱就别出来逛，丢人现眼。"

这话说得十分难听，那对情侣顿时火冒三丈，结果老板还来劲了，说出了更狠的话："像你这种身材，肥得像猪一样，一辈子买不到裤子！"这下女孩的男朋友可不干了，抓起老板的衣领就是一拳。

现代人比较注重人际交往的技巧，却最容易忽略人际交往的基本原则：平等与相互尊重。我们在和他人沟通的过程中，往往会因为一句话而引起他人的不悦，就是因为我们没有考虑对方的感受，而只是发泄自己的情绪，一吐为快。很多时候，一句在自己看来无关紧要的话，就有可能在听者的心田划开一道无法愈合的伤口。

嘴不把门，有很多害处。俗话说：言者无心，听者有意，听者会认为你是有意跟他过不去，从此对你恨之入骨。如果在人际交往中，总是想通过高明的技巧来战胜别人、征服别人、压制别人的话，身边的人都会纷纷离我们而去，不再与我们做朋友。因此，说话时一定要掌握好时机和火候，不然的话，一定会碰一鼻子灰。

老刘在单位有十几年的工作经验。他自认为有一定的工作经历，又是小老板的长辈，因此，处处显示自己"威武不能屈"的骨气。

一次厂长说了他几句，他当场就在厂长办公室里拍了桌子。"什么东西嘛，俺进厂子时，你小子还不知道在哪儿混呢？连你老子都要买我的账，你个小毛孩懂什么？”结果，厂长听到后，认为他太桀骜不驯，故意揭自己的短，之后找个理由就辞退了他。

在人际交往中，有些人性格直率，往往依仗着和对方关系亲密等，说话时就会口不择言。其结果不是说到了对方的痛处就是让对方下不来台。尽管说者无意，但听者有心，因此，这种方式也往往令对方不满意。

小玲因为加班，路上又堵车，回家时早就过了晚饭的时间。老公早吃完饭坐在电脑前正玩游戏。小玲一进门，没好气地说：“人家都饿得前胸贴后背了，你倒好，酒足饭饱，还玩游戏，真是好生活！”说完，小玲重重地把包扔到沙发上，本来想给她做饭的丈夫听了这话没了兴致，此后，两个人一个月都没说话。

不论在古代还是在现代，不论在官场、职场还是在日常生活中，因为口不择言、口无遮拦而得罪他人，甚至危及自身性命乃至事业前途的大有人在。一个人如果口无遮拦，他人会利用你的弱点，令你的人生步入黯淡的岁月。

一家研究单位中，有一位年轻的副主任，很有发展前途。他有一个幸福的家庭，工作中也很受上司赏识。可是，他鬼迷心窍，竟为图一时的快乐，与本单位一个临时女工发生了不正当的关系。

这还不算，当领导找他谈话时，他居然振振有词地回答道：“人生不就是图个快乐吗？我本来和妻子就没有什么感情，但是，离婚她又不肯，我为什么非要委屈自己呢？”

结果，这番话被他妻子知道了，妻子以受害人的身份把他和那名女工都告上了法院。理由是他们两人合谋要破坏家庭幸福。结果是，单位领导把那个女工开除了。他自己也被领导给予行政处分，当初同事和上司心目中的好形象也破坏了，不仅离了婚，而且还赔偿了妻子一大笔精神损失费。

妻子把房产和孩子都要走了，他从此升职无望。每当单位考虑提升他时，总有人进言：“连自己的生活都那么随便的人，对工作能认真吗？能领导好员工吗？”

于是，本来很有前途的年轻人一蹶不振，陷入忧郁痛苦之中。离婚三年了，至今仍光棍一条。

有句老话叫作“祸从口出”，口不择言、口无遮拦都是在感性情绪的支配下所产生，也就是平常老百姓说的“说话不经过大脑”。这和理性的博弈是背道而驰的。这种说话方式注定在为人处世的博弈中是一个人生的失败者。

与人交往和交流，几乎就是在交心，应该学会体察对方的心思，体贴对方的心理和需求，不能张口就来，甚至哪壶不开提哪壶。因此，为人处世一定要把好口风，要管好自己的嘴。什么话能说，什么话不能说，什么话可信，什么话不可信，都要在脑子里多绕几个弯子。

为了避免产生语言冲突，在你说任何话之前，都该先想想：“我的批评是有害的还是有益的？”有时候，当对方的缺点和错误无法回避，必须直接面对时，当你指出对方不足时，要顾及场合，别伤到对方的自尊心。对于个性较为开朗者，或许没有必要回避，但在生性多疑且自卑者面前，即便是最要好的朋友，也要特别注意。你若触动其心事，也有可能反目成仇。所以，你还是不提为妙，口无遮拦只有自讨没趣！最好不要主动引发有可能令对方尴尬的话题。如果是指出上司的错误，必须懂得避重就轻，委婉地传达信息。

其次，人应该学会把难听的话包装起来，这样也可以把坏事变成好事。

据说，司马昭与阮籍有一次同上早朝，忽然有侍者前来报告：“有人杀死了母亲！”放荡不羁的阮籍不假思索便说：“杀父亲也就罢了，怎么能杀母亲呢？”此言一出，满朝文武大哗，认为他“有悖孝道”。阮籍也意识到自己言语的失良，忙解释说：“我的意思是说，禽兽才知其母而不知其父。杀父就如同禽兽一般，杀母呢？连禽兽也不如了。”

一席话，竟使众人无可辩驳，阮籍避免了遭众人谴责的麻烦。其实，阮籍在失言后，只是使用了一个比喻，就暗中更换了题旨，然后借题发挥一番，巧妙地平息了众怒。

人与人的接触，即由双方的交谈开始，这种情形好比面对扩音器说话，说的什么，听到的就是什么。在很多情况下，如果能多花一些时间，设身处地为他人着想，多一份尊重，多一份相互的关怀和理解，就会让语言变得更加柔和、委婉，而在人际交往的博弈中也能赢得众人的爱戴，让人际关系更加和谐。

## 逢人只说三分话

生活中，人人都有倾诉的愿望，都有想把快乐和痛苦甚至秘密与人分享的时候，此时，往往会不顾一切地掏心窝，恨不得把自己知道的一切都全部说出来。

可是，如果对方不是你特别了解的人，你也畅所欲言，吐露真心，对方的反应是什么呢？如果你说的话，是属于你自己的事，对方愿意听吗？如果彼此关系浅薄，你与之深谈，显出你没有修养。

有度的真诚，才能让彼此更舒服、更安全。如果他不是你的诤友，就不适合与他深谈，否则会显出你的冒昧。所以“逢人只说三分话”，不是不可说，而是不必说。说心里话的时候一定要有“心机”，该说则说，不该说千万别说。对此，聪明人的做法是：可以不开口的，就尽可能做到三缄其口。

古人说得好：“逢人只说三分话，未可全抛一片心。”这并非要你做个虚伪、城府深的人，更不是要你去撒谎。因为世界上，真能与你以一颗真心相待的人是不多的，并不是所有的人都是君子。如果你一下子就把心掏出来给对方，那就有可能“受伤”。因为，知人知面难知心，你对对方掏心窝，但难保对方会对你以诚相待，也许他掏出是“假心”！一旦你遇到别有居心的小人，刚好利用了你的坦诚，那你就会有危险了。因此，“逢人只说三分话”，还有七分话，就不必再对人全部说出来了。

也许你会说，我们单位没有那么多小人，何必遮遮掩掩。诚然，人人都喜欢正直而坦率的人，但是，坦率直言的人开始会给人好的印象，可是，渐渐地人们就会觉得他头脑简单、幼稚。如果你的话题涉及他人，你不清楚对方的立场、主张，就直言不讳，把话说得太满，往往动辄得咎。

某化妆品公司销售部经理每次在对新产品进行市场预测时，总是先要召开本部门的会议，让下属共同讨论，道出自己的意见。

一次，开会的时候，公司新来的两个员工都表达了自己的看法，认为开辟一个新市场志在必得。而且，两人在阐述自己意见时，还强调说要是按照他们的方法做一定会成功。结果，两人十分自信的话语得到了销售部经理的好评。销售经理当即表示要他们俩拟出一份详细的销售计划书，然后表示要上报给公司总部。

这两位新员工没想到经理如此看重自己，欣喜若狂，认为自己的机会到了，要好好表现一番。

可是，按照他们的计划书执行后，新产品上市后，销售情况一直未见好转，这令销售部经理非常恼火。当公司追究责任时，这两位新员工一下子成了众矢之的，结果不但被领导责骂还被扣了奖金。

社会上，有些初出茅庐的年轻人，总担心自己被别人小看，因此，对他人的要求常常满口应承。其实，这是自不量力的表现。如果话说得太满，答应他人的无法兑现，注定了最后要自讨苦吃。

俗话说：一言既出，驷马难追。任何人都必须对自己说出的话负责。世界上，万事万物都是在不断变化的，即便你认为十分有把握的事情，也会瞬息万变。固然，事情办妥了皆大欢喜，但万一出现问题，每个人为了自保都会推卸责任。因此，在和上司、同事的博弈中，说三分话就是要为自己留有一定的余地。

比如，在单位中，领导就某项决策征求你的意见时，在阐述自己想法时，一定要注意“话不说死”。上司问你某个与业务有关的问题，千万不可以说“不知道”，而是要说“让我再考虑一下，之后回复好吗”，这不仅可以暂时为你解围，还会让上司认为你在这件事情上很用心。如果提交自己的建议时别忘记加上一句话，“这仅仅是我个人的想法，考虑不一定成熟，还要看领导的最终决定。”这样既表达了自己的看法，关键时刻还留有后路。此时，说三分话就是为了让你不至于搬起石头砸自己的脚。

在日常生活中，当朋友、同事有求于你的时候，在表明自己的意见时，别忘了给自己留一条后路。当你许诺别人的时候，最好加上一句：“我一定尽力帮你，但……”之类的附属语。

有时候“话不说死”，还可以作为拒绝别人的最佳方法，既留给了对方面子，也不会让自己为难，既可以为对方保留一点希望，又有利于稳定对方的情绪。

“逢人只说三分话”，不是不可说，而是不必要说的不要说。与人说话，过多地暴露内心，人家会觉得你很肤浅。因此，说话要讲艺术，要分人、分场合、分时间。说话圆满而保守，是人际交往博弈中，提升人气的一条重要法则。

## 模糊表态，不给他人留话柄

不可否认，把话说得明明白白会给人以良好的印象，明确而坚定的表态也给人以自信的感觉。但是，话一出口就收不回来。如果在表态或许诺时总是轻易地使用“绝对”“一定”的字眼，不留余地，未必是明智之举。此时，选择“模糊表态”的方式可以为自己留有余地。

“模糊表态”，就是指说话给自己留后路，其特点就是不直截了当地表示态度，避免最后事与愿违的尴尬和没必要承担的责任。

模糊表态的特点之一是：顾左右而言他。

一般来说，单位中的领导遇到棘手问题都不会明显表明自己的意思，而是模糊表态，顾左右而言他。此时，作为下属就要正确领悟领导的意图。

此外，找借口，巧妙躲避你不愿意透露的事，也是模糊表态的表现。

当有人要求你解决或答复问题的时候，他的内心其实一定是寄予厚望的，希望事情能如愿以偿，圆满解决，你也是真心想帮他，但万一你最后因种种突发事件未能做好，就会让他们失望甚至失信于人。所以，此时最明智的做法就是：对他人的请求或者是意见做出间接的、含蓄的、灵活的表态。在允许的范围内“含糊其辞”。只有这样才能进退自如，避免在未兑现许诺时，影响了自己的人际关系，或使对方感到不愉快并长时间耿耿于怀，甚至让自己陷入被动的境地。

比如，有时候同事之间或许会流传一些小道消息，例如某某要升职了，某某要被开除了，或者奖金要发下来了，要涨工资了，等等。这时候如果你恰巧因为做了某个职位或者知道了这些消息的具体内幕，别人向你打听，你最好不要全盘托出，毕竟事情还没有真正发生，若你自行透露，总会有人失望有人得意，两头不好做。所以，你可以拿出一些令人信服的理由说：“哦？我不知道啊，这几天也没见到老板。”

模糊表态的另一种表现方式是不做非此即彼的正面应答，而是两者都照顾到，让对方无懈可击。

事有法而无定法，“模糊表态”也不可生搬硬套，要灵活运用。该明确表态时不可含糊其词，不然就显得没自信；而该模糊时也不可明确，否则就过于武断。这就要看自己的判断力了。

# 第六章

# “博傻游戏”，不做最后的傻瓜

“博傻游戏”是指在资本市场中（如股票、期货市场），人们之所以完全不管某个东西的真实价值而愿意花高价购买，是因为他们预期会有一个更大的傻瓜会花更高的价格从他们那儿把它买走。“博傻理论”告诉人们的最重要的一个道理是：如果是做“头傻”那是成功的，做“二傻”也行，别成为最后的那个“大傻瓜”就行。所以，“博傻理论”也叫“最大傻瓜理论”。

## 为啥有人甘愿当傻瓜

与专门收藏青铜镜的朋友逛潘家园旧货市场，看到一面铜镜。商贩说是汉朝的蟠螭纹镜，开价 10 万。朋友仔细看了看，出价 3000 元，几番讨价还价，最终 7000 元拿下。回来路上，朋友告诉我：这面铜镜是明代仿汉朝的铜镜，市场不多见，价格也就三五千的样子。我当时说：“你傻不傻啊，三五千的东西花了 7000 元。”朋友笑笑，没有回答。

半年后，朋友无意中告诉我，那面铜镜他已经出手了，卖了 2 万元。

多花了几千元买铜镜本来是一件傻瓜做的事，因为 2 万得以出手，一下子就变得无比聪明了。道理何在？因为有一个更大的“傻瓜”在接盘。再进一步思考：那个花 2 万购进的“傻瓜”，未必也是“真傻瓜”，说不定他一转手又赚了呢……继续推演，所有的“傻瓜”都不是“傻瓜”，只有最后接盘的那个，才是真的“傻瓜”。

原来，不管你花多少钱买来的，值不值得，都不重要，重要的是：有没有人愿意花更多的钱来购买你手中的。这就是博弈论中的“博傻游戏”。

创立宏观经济学的著名经济学家约翰·梅纳德·凯恩斯（1883—1946），

是“博傻理论”的发现者。凯恩斯是一个学术研究的狂人，为了能够在经济自由的前提下潜心学术，他在1919年8月进入外汇市场。起初，他赚赚赔赔，起起落落。后来，他就发现了“博傻理论”。于是，从外汇、期货到股票，在十几年的时间里，他赚到了一生享用不完的巨额财富。

凯恩斯认为，在从事带有投机性质的决策时，要将更多的研判放在一起参与博弈的“傻瓜”身上。他说：“成功投资者不愿将精力用于估计内在价值，而宁愿分析投资大众将来如何作为，分析他们在乐观时期如何将自己的希望建成空中楼阁。成功的投资者会估计出什么样的投资形势最容易被大众建成空中楼阁，然后在大众之前先行买入股票，从而占得市场先机。”

他举了一个例子：从100张照片中选择你认为最漂亮的脸蛋，选中有奖。当然，最终是由最高票数来决定哪张脸蛋最漂亮。这时你应该怎样投票呢？

正确的做法不是选你认为漂亮的那张脸蛋，而是猜多数人会选谁就投她一票。也就是说，投机行为应建立在对大众心理的猜测之上。美国普林斯顿经济学教授马尔基尔，把凯恩斯的这一观点归纳为“博傻理论”。

毋庸置疑，期货和证券都带有一定的投机成分。比如说花钱买某只股票，鲜有人士想成为股东享受分红，而是预期有人会花更高的价钱把它买走。这个世界，每分钟都会诞生无数个“傻瓜”——他们之所以出现就是要以高于你投资支付的价格购买你手上的投资品。只要有其他人可能愿意支付更高的价格，再高的价格也不算高。发生这样的情况，别无他因，正是从众心理在起作用。

在2006年贵州兰博会上，一株叫“天逸荷”的兰花成交价则高达1100万元。兰花之风首先起于日韩，国内几个实力雄厚的炒作者也开始联手炒作，3万一苗购买某种珍稀品种，5万卖给合伙庄家，再10万卖给另外的庄家。倒腾来倒腾去，有些人就坐不住了，逐渐卷入这场击鼓传花的游戏中。

没有人肯相信自己是最后的“傻瓜”。但无论如何，总有一个最后的“傻瓜”。随着兰花“泡沫”越吹越大，以及金融危机的影响，从2008年开始，兰花价格开始大跌，一盆上千万元的兰花跌到几万元都没有人要。

有个叫陈少敏的养兰世家，从事兰花生意 20 多年，一度赚了不少钱。1999 年，他眼看一种叫“奇异水晶”的兰花在三年里从一千元涨到七百多万元，终于忍不住凑钱买了一株。当时，全国的奇异水晶总数还不到 100 苗，陈少敏这盆奇异水晶成了兰友们追捧的对象，几天时间就涨到了 1400 万元。面对快速变化的价格，陈少敏舍不得卖，他想等一个更高的价钱再卖出去。几天之后的 9 月 21 号，台湾地区花莲发生了里氏 7.3 级的大地震。曾经火热的兰市瞬间崩溃了。陈少敏手里 700 多万的奇异水晶，从 50 万、30 万、20 万、几万，最后降到几千元。700 多万就在一个月里泡了汤，陈少敏成了最后那个“大傻瓜”。

是不是当过一次“大傻瓜”之后，陈少敏会谨慎很多呢？在 2005 年，一种叫“盖世牡丹”的兰花出现时，陈少敏一直没有跟风。不到两年时间，一株盖世牡丹飙从 700 元飙升到 150 万元。陈少敏忍不住再次出手，买了 7 株，花了 1050 万。然而，陈少敏买来的盖世牡丹还没卖掉，2008 年的国际金融危机终止了这场击鼓传花，陈少敏再次成为最后买单的“大傻瓜”。

和兰花相似的还有普洱茶、红木家具、玉石、藏獒等。人的内心总是贪婪的，也总是自信自己足够聪明——或许，这就是“博傻游戏”经久不衰的理由吧。就连通过苹果砸在头上就能发现万有引力定律的牛顿，也难以幸免。

有人注册了一家空壳公司，从来没有人见过这家公司的模样，但认购时近千名投资者争先恐后，把大门都挤倒了。没有多少人相信它能真正获利丰厚，而是预期更多人会出现，价格就会上涨，自己就能赚钱。大科学家牛顿也参与了这场投机，并且不幸成了最大“傻瓜”。他因此感叹：“我能计算出天体运行，但对人们的疯狂实在难以估计。”

“当我没有进入股市的时候，发现连傻瓜都在赚钱；当我自信满满地入市后，发现自己成了比傻瓜还要傻的傻瓜”——这句网上的段子，当成为很多投机者的座右铭。所以，当你想掏出真金白银去投资时，不妨冷静想一下：这是“博傻游戏”吗？如果是，那你就按“博傻游戏”的规则快进快出，别像我们例子里的陈少敏，700 万的兰花才几天涨到 1400 万还不卖。暴涨时没有把握住机会，1050 万的兰花暴跌时也没有把握机会抛出止损，其结局，就像段子里说的那样：炒股变股东，炒房变房东。

## 大钞“博傻”的警示

在某个鸡尾酒会上，张先生从口袋里掏出一张百元大钞，向所有的来宾宣布：他要将这张百元大钞拍卖给出价最高的朋友，大家互相竞价，以 5 元为单位，到没有人再加价为止。

出价最高的人只要付给张先生他所开的价码即可获得这张百元大钞。出价第二高的人，不但无法获得百元大钞，还需将他所开的价码如数付给张先生。

这个别开生面的“以钱买钱”的拍卖会，立刻吸引了大家的兴趣。开始时，“10 元”“15 元”“20 元”的竞价声此起彼伏，到价码抬高到“50 元”时，步调缓和了下来，只剩下三四个人在竞价，最后只剩下王先生和林先生在那里相持不下。

当王先生喊出“95 元”时，张先生弹一弹他手上的百元大钞，暧昧地看着林先生，林先生似乎不假思索地脱口而出：“105 元！”这时会场里起了一阵小小的骚动。张先生转而得意地看着王先生，等待他加价或者退出，王先生咬一咬牙说：“110 元！”人群里起了更大的骚动。

几番缠斗下来，最终王先生以“205 元”成功买到了那张百元钞票，而林先生则平白亏了 105 元。张先生更惨，纯亏了 200 元。这些钱都纳入了张先生的荷包。

这个“博傻游戏”是耶鲁大学经济学家苏比克（M.Shubik）发明的，想拍卖钱的人几乎屡试不爽地从这种拍卖会里“赚到钱”。它是一个具体而微的“人生陷阱”，参与竞价的林先生和王先生在这个“陷阱”里越陷越深，不能自拔，最后都付出了痛苦的代价。

社会心理学家泰格（A.Teger）曾对参加“大钞拍卖游戏”的人加以分析，结果发现掉入“陷阱”的人通常有两个动机，一是经济上的，一是人际关系上的。

经济动机包括渴望赢得那张大钞，想赢回他的损失，避免更多的损失；人际关系动机包括渴望挽回面子，证明自己是最好的玩家及处罚对手等。而大钞只是一个明显的诱饵。

开始时，大家都想以廉价而容易的方式去赢得它，希望自己所出的价码是最后的价码，大家都这么想，于是就不断地互相竞价。

当进行一段时间后，也就是出价相当高时，相持不下的人都发现自己掉进一个陷阱中，但已不能全身而退，因为他们都已投资了相当多，只有再增加投资以期挣脱困境。

当出价等于“奖金”时，竞争者开始感到焦虑、不安，发现了自己的“愚蠢”，但已身不由己。

其实，当出价高过奖金时，不管自己再怎么努力都是“损失者”，不过，为了挽回面子或处罚对方，不惜“牺牲”地再抬高价码，好让“对手损失得更惨重”。人生到处有陷阱，如何避免人陷入这类“陷阱”，也是一门不小的学问，心理学家鲁宾（J.E.Rubin）的建议是：

（1）确立底线及预先的约定：譬如投资多少钱或多少时间；

（2）底线一经确立，就要坚持到底：譬如邀约异性，自我约定“一次拒绝就放弃”，不可随意更改为“五次里面有三次拒绝才放弃”；

（3）自己打定主意，不必看别人如何行事；

（4）提醒自己继续投入的代价是否止损；

（5）保持警觉。

希望这些建议能给你带来一定的启发。

## 买对的还是买贵的

西奥迪尼教授是当今营销心理学领域的顶级权威，他讲述过这样一件他亲身经历的事件。

教授的一位朋友新开了一家珠宝店，一天她打电话来。在电话里，她有些语无伦次地告诉教授她店里最近发生了一件怪事，想看看这个心理学家是不是可以给她一个解释。原来，她正在为一批脱不了手的绿松石珠宝而发愁。当时正是旅游旺季，她的珠宝店也总是顾客盈门。但这些绿松石虽然价廉物美，却总也卖不掉。她试过好几种常用的促销策略，比如说把它们摆到更显眼的位置，要售货员强力推销这些货品等，都不见效。

最后，在去外地进货的前一天晚上，她气急败坏地写了一张纸条给负责的售货员："此盒内物件，价钱乘二分之一。"打算即使亏本也要把这批珠宝处理掉。几天之后，当她从外地回来时，果然不出她之所料，那批珠宝已经卖光了。但她马上就惊讶地发现，售货员没有看清她信手涂写的字条，把"乘二分之一"看成了"乘二"。所以，那一整批珠宝，都是以两倍的价钱卖出去的！

经济学上有一条凡勃伦效应，是指商品价格定得越高，就越能畅销。比如，款式、皮质差不多的一双皮鞋，在普通的鞋店卖80元，进入大商场的柜台，就要卖到几百元，却总有人愿意买。1.66万元的眼镜架、6.88万元的纪念表、168万元的顶级钢琴，这些近乎"天价"的商品，往往也能在市场上走俏。

其实，消费者购买这类商品的目的并不仅仅是为了获得直接的物质满足和享受，更大程度上是为了获得心理上的满足。这就出现了一种奇特的经济现象，即一些商品价格定得越高，就越能受到消费者的青睐。由于这一现象最早由美国经济学家凡勃伦注意到，因此被命名为"凡勃伦效应"。

随着社会经济的发展，人们的消费会随着收入的增加，而逐步由追求数量和质量过渡到追求品位和格调。只要消费者有能力进行这类感性的购买时，“凡勃伦效应”就会出现。了解了“凡勃伦效应”，我们可以利用它来探索开展新的经营活动。

在已经富起来的人们的消费行为中，也常见到类似的凡勃伦效应发生，这往往是那种炫耀性的消费，价格越贵，人们越买，价格便宜了，人们反倒不买了。据一个开服装店的老板讲，他曾进过一批相当不错的服装，原打算薄利多销，尽快出手。但由于判断的失误，打错了算盘，标价太低反而没怎么卖动。后来，他灵机一动在原来的价格后面加了一个零，结果很快就销完了。这也是一种凡勃伦效应，它反映了富起来的人们追求炫耀性消费的一种倾向。这在很大程度上表现为消费价格自我意识的比拟心态。也就是说，消费者在购物时，通过联想企业，将其所购买商品的价格同自身身份、地位、经济收入、社会价值等相联系，以求得他人的承认，这就是凡勃伦效应产生的原因。

商家可以凭借媒体的宣传将企业形象转化成商品或服务上的声誉，使商品附带上一种高层次的形象，给人以“名贵”“超凡脱俗”的印象，从而影响消费者对商品的情感。这种价值的转换在消费者从数量、质量购买阶段过渡到感性购买阶段时，就成为可能。

## 赌场中的“博傻游戏”

萨缪尔森的《经济学》被认为是最好的经济学入门读本，萨缪尔森《经济学》中讲了“投机”以后，有一节的标题就是“赌博和边际效用的递减”。萨缪尔森认为反对赌博不只是一种道德立场，也是一种明智的策略选择。当你参加一场赌博时，你赢的机会是负的期望。当你使用一种赌博系统时，你总要赌很多次，而每一次都是负的期望，绝对没有办法把这种负期望变成正的。

萨缪尔森说：“为什么赌博被认为是很坏的事情呢？最重要的原因可能是

在道德、伦理和宗教方面，但是从经济学上来看，反对赌博的理由也相当多。”

首先，赌博既不利于社会公正，也不利于社会稳定。即使庄家不取抽头，不搞别的花样，赌博也只是毫无益处地把金钱从一个人手里转到另一个人手里。

赌博是典型的零和博弈，并不创造新的价值，却要耗费时间和资源。所以，除了小金额赌输赢还有某些娱乐功能外，赌博会危害社会、危害人。想想看吧，两个月收入都是 1000 元的人赌博，赌到一方输光为止。一个人变成穷光蛋，另一个人收入加倍。这给社会带来的将是什么前景？后者的收入增加，只可能会让他过得更舒服一点，可前者却陷入了无法生活的困境。

其次，是边际效应递减。举个简单的例子：对一个饿着肚子的人来说，第一个烧饼给他的效应最大，第二个烧饼则没有那么大了，吃到一定程度后，再吃的话，烧饼给他的效应便是负的了，即这时烧饼不仅不能给他好处，反而会给他带来负担。增加 100 元收入所带来的效应，小于失去 100 元所损失的效应。这也是边际效应递减的表现。所以，即使在机会均等的“最公平”的赌博中，输家效应的损失比较大，赢家效应的增加比较小。可见，从整体上说，即使是“最公平的”赌博，对社会对赌博人也没有任何好处。

第七章

# 利益博弈，合作为先

在英国工业革命方兴未艾时，以发明发电机而闻名的法拉第为了能够得到政府的研究资助，曾经去拜访首相史多芬。

虽然法拉第滔滔不绝地讲述着这个划时代的发明，但史多芬的反应始终很冷淡。作为一个政治家，他对深奥的物理原理听不懂，因此，对法拉第手中缠着线圈的磁石模型也不感兴趣。

可是，当法拉第说道："首相，这个机械将来如果能普及的话，必定能增加税收。"听了这句话，史多芬首相的态度突然有了极大的转变，一下子变得非常关心起来。

司马迁曾经说："天下熙熙，皆为利来；天下攘攘，皆为利往。"现实中的人，除了精神上的需求之外，还有利益上的需要。每个人都有利己的一面，对于利益攸关的事情没有人不上心。因此，要想为自己争取最大利益，得到众人的支持，必须先满足对方的利益。

而要满足对方的利益，就要选择"正和博弈"。只有正和博弈才有合作的可能，赢得双赢甚至多赢的局面。

## "零和博弈"没有合作的可能

所谓"零和博弈"就是博弈的双方得失总和为零，即一方的得益正是另一方的损失。在"零和"游戏中，胜利者的光环往往是用失败者的辛酸和苦涩换来的。在零和博弈中，每个局中人都想让对手遭受最大的损失。在他们看来，自己的利益就是建立在对方损失的基础上。没有合作的空间，那么，当一方想要某样东西的时候，就不惜把对方赶尽杀绝。

据网上报道，有一家工厂在矿业开发中不仅滥采滥挖，而且丝毫不顾及附近居民的安全。露天采矿场离地面100多米深，直径300多米，已危害到附近居民的房屋安全。其中在一户居民的房屋附近多次出现土方坍塌，房屋也多处出现了裂痕，随时都有垮塌的危险。但厂家不管这一家人的生命安全，更不考虑附近居民的安全隐患，继续一意孤行。

这种不顾环境、不顾百姓安危、置国家法律法规于不顾的疯狂滥采滥挖的现象，在不少企业都存在。他们在和环境、和百姓的博弈中采取的就是零和博弈的心态。

这种零和博弈的心态不仅在企业中存在，在生活中有些人的心目中也存在这种心态。比如，儿女不赡养父母或者兄弟姐妹为争遗产或者房产而大打出手等，甚至有些夫妻反目为仇，也是因为一方有这种零和博弈的心态所致。

一对夫妻，二人各有不错的工作，但男人经常在外出差，于是不久女人便有了越轨行为。男人发现后，没有说什么，女人后悔不已，在丈夫面前痛哭并表达自己的忏悔之情。男人仍没有说什么，只是要求女人以后不再工作，在家里做家庭主妇，但绝不允许再有此不端行为。女人答应了，于是，两人依然生活在一起，唯独男人不跟女人睡同一间房。男人除了公事也从不在外过夜或拈花惹草。女人以为生活会这样一直延续下去。

但是，在女人满三十岁时，男人突然拿出离婚协议要求妻子离婚。从法律的角度来说，两人七年没有夫妻生活，而男人在外也没有不检点行为，这足以成为离婚的条件。

男人在离婚时对女人说："你为我青春期的幸福婚姻里埋下了苦果，今天你终于得到了报应。我今年三十一岁，正是一个男人一生中的黄金时期。而你今年三十岁，已经过了一个女人最好的时期，即使再婚也不会有什么好结果，并且你一直在家做家庭妇女，孤陋寡闻，也没有什么本领在社会上立足了。"

这个男人就是典型的零和心态的表现。他把自己婚姻的不幸完全归结于自己出轨女人身上，因此，不惜用这种残忍的手段来破坏自己女人的幸福。

这个男人复仇的心太强，手段也太过残忍。虽然他损害了这个女人的利益，但是，他自己也没有得到更多。既然女人有悔改之意，也有悔改的行为，为什么不能原谅她？何况造成女人当初出轨也和男人经常出差有关。男人不理解女人，反而借机报复她，一个男人的胸怀何在？

这一切，都是因为当事人私心太重，在自私的支配下做出了极端的行为。这种人不论在与同事共处还是和合作伙伴交往，甚至是与自己的亲人共处时，都把别人看成了妨碍自己既得利益的仇人，因此不惜使用零和博弈的手段，毫无顾忌地损害他人的利益，其结果只能是既损人又损己。

在双方甚至多方的博弈中，博弈的结果与双方的力量优势强大有关。一方通过强取从对方身上获得更多利益，便会认为自己在力量上完全制服了对方，就可以令对方服服帖帖。于是，不管不顾地欺负对方。欺负对方固然可以获得收益，但实施欺负行为是要花成本的。如果欺负行为的收益小，而付出的成本大，那么，就是不明智的。中国古人所说的“杀人一千，自损八百”，就是这样一个道理。

另外，欺负得太狠，让对方的生产能力和生产意愿降得很低，那么，自己也不会从对方那里获得多少收益。因此，零和博弈并不是什么明智的选择。

纵观中国历史，之所以爆发农民起义，就是统治者对农民是一种零和博弈的方式，他们试图把农民的利益榨取干净。结果，农民在这种忍无可忍的情况下必定揭竿而起。虽然，这些农民起义并没有得到真正的胜利，但是多少也动摇了统治阶层的根基，影响了他们的利益。因此，在中国历史上，统治者不断出台和调整减租降息等措施，就是为了缓和与农民之间的矛盾。

今天，历史的车轮飞速跨进了 21 世纪，那些掌控国家经济命脉的大型垄断财团，也不会只采取零和博弈的方式。因为，从博弈论的逻辑上来看，假如大财团只建立在为他们利益服务的制度上，那么就意味着每个人在与大财团交易时一定会吃亏。在这种情况下，如果没有人和他们进行交易，他们如何盈利？他们的利益怎么得到满足呢？因此，他们也会顾及那些弱势群体的利益，哪怕是在这些大财团并不甘心情愿的情况下，不得不顾及弱势群体的利益。

从博弈论的角度来看，任何一种博弈的规则都不允许赢家通吃，必须建立在某种程度的公平之上。因为在一定的时空之内，能够分配的利益总量是既定的，当一些人分得过多时，别人分得的就肯定很少。特别是如果这种瓜分不是通过一种生产的方式，那么，一旦触犯了集体利益，必将引起公愤。在生活中，我们常会看到，往往那些自以为占尽便宜的聪明人，不计后果地掠取别人的结果只能是一败涂地。

可见，赢家通吃其实并不是一种理性的策略。从博弈论的角度分析，这样的零和博弈不会换来长久合作，一方的利益也得不到最大限度的实现。另外，即便是处于弱势的一方，一旦力量增强，必将要摆脱被要挟的局面，寻求其他适合自己的博弈方式。因为没人会心甘情愿地忍受利益被剥削，一旦翅膀硬了，都会摆脱这种不公平的博弈局面，选择远走高飞。如同为了多获得一些鸡蛋，就不能太欺负鸡，还是让鸡长肥一些好，从而使它能多一些生产能力和生产意愿。

人存在的目的就是人的自由发展，自由的保障必须以权利的充分行使为其基础。但是，谋取自己的利益也应该尊重每一个人的利益。任何时候，个体利益的满足都不能置他人利益、集体利益于不顾，更不可能试图抹杀他人或集体的利益。只有每个人的利益都充分得到尊重和保障，集体才是一个团结、协作的集体，社会才是一个和谐、稳定的社会，这样才有长期发展的可能。

## 无利可图会走向背叛

在人们的合作博弈中，如果合作的一方总是从自己的利益出发，处处维护自己的利益，让对方无利可图，那么，对方迟早会背叛自己。

刘佳是一家化妆品公司的推销员，在化妆品竞争激烈的时代，要想打动消费者的心很不容易。刘佳进公司6个月后才开始有订单，两年后，她的业绩有了提升。第二年年终结算，按原定计划她可以拿到3万元的销售提成，于是，刘佳美滋滋地盘算着，这下可以翻身了，再不用到月底去朋友那里蹭饭了，也可以换个宽敞的住宿环境。可是，当她要求公司兑现时，却发现老板支支吾吾，一会儿说公司资金周转困难，一会儿说提成比例的百分点算错了，始终不愿马上兑现。

刚巧在这时，公司有一笔远在外地的货款需要去收。因为临近年底，其他中年销售员都打退堂鼓。刘佳还没有成家，无牵无挂，主动请缨。但是，当刘佳收到货款后，她决定对老板实施报复。既然老板不仁，自己也不义，不能伸长脖子挨宰。于是，她决定一不做二不休，把钱据为己有。这笔货款差不多是3万元，正好弥补她奖金的损失。

最后的情况可想而知，刘佳因私自侵吞公司的货款，按照有关法律条例，被法院判了刑。而那位说话不算数的老板，也让客户和他的员工相继疏远，公司的生意从此一落千丈，很快就倒闭了。

虽然刘佳选择的方式不正确，可是，这种现象说明，刘佳之所以不计后果要背叛老板，就是因为自己的正当利益被剥夺。3万元对一个初入职场的打工者来说，不仅是生存的保证，而且也是自己能力的证明。如果被老板据为己有，刘佳怎能心理平衡？可是，有些老板在和员工的博弈中并没有认识到这些，总认为工资奖金是自己发善心发给员工的，而不是员工创造的，因而总是像周扒皮一样处处算计员工，结果必然导致背叛。即便现在不背叛，也必然会在未来出现。因为这种博弈没有长久合作的可能，弱势一方必定会选择背叛。结果就会有这样的局面出现，不是核心员工跳槽就是技术人员泄露机密，最后给公司带来损失。

这种现象不但在职场中有，现实生活中也存在。因为不论是物质利益还是精神利益，不论在上下级之间的博弈中还是在平等合作的博弈中，一方无利可图必然会走向背叛。虽说“人之初性本善”，但经过现实生活的磨炼，人的善良本性也可能会有所改变，嫉妒、怀疑便成了现代社会的“特产”，人在这种风气下，变得越来越敏感，越来越务实。因为在利益面前，很少会有躲避心理。

囚徒困境中，一方之所以背叛自己的朋友而向警察自首，就是因为他感觉到自己从对方身上不可能再谋取到任何利益。对方也在监狱中，即便曾经向自己许诺过什么，此刻也无法实现，因此，囚徒都选择了背叛对方的方式。

无利可图会出现一次性博弈的局面。生活中，我们经常听到这样的话：“我得不到的东西，你也休想得到。”仿佛只有这样双方的心理才得到了平衡。其实这种谁也得不到的心态就是一次性博弈的表现。因为双方都知道没有了合作的可能，索性就豁出去了。

如果用得益的总和来区分，博弈可以分为固定博弈与变和博弈。在变和博弈中，因博弈参与者选择的策略不同，各方的得益总和也会发生变化。当合作关系存在某种自然而然的终点时，博弈反复进行的次数是一定的。即使参与人以前的所有策略均为合作策略，如果被告知下一次博弈是最后一次，那么肯定采取不合作的策略。而且越是临近博弈的终点时，采取不合作策略的可能性就会加大。人们往往会破釜沉舟、不计后果、冲动行事，即便是身背背叛的骂名也在所不惜。因此，在这种情况下，被背叛的一方就要衡量一下对方的背叛给自己带来的损失，如果损失大于所得，最好与对方握手言和。

刚踏入 2004 年的时候，汽车厂商们豪情满怀，忙着扩产、推新车，然而，车市 5 月“拐点”后的严峻形势已经迫在眉睫。巨大的产销落差让汽车销售商背负上了沉重的库存负担和“现金流”压力。厂家的第一反应仍然是“压”——向经销商压库存、压指标，向市场压价格。于是，汽车产销两大阵营的关系也变得微妙起来。

经销商面临的压力越来越大，便开始加大了跟厂家讨价还价。先是要求厂家减少自己的库存压力，接着就要求降低销售任务。再接下来，一些经销商们干脆自己先“炒厂家的鱿鱼”，将那些无利可图甚至亏本的品牌剔除出去。

尤其让一些汽车厂家觉得不能容忍的是：一些经销商为了清理库存，开始直接降价。这在做惯了“老大”的厂家看来，无异于背叛。

在这种情况下，一些厂家开始强力扼杀经销商们的“反水”，要求经销商在厂家额外存入一笔 3 万到 10 万元不等的保证金，一旦他们的售价不能在厂家指导价的基础上浮动将没收这笔保证金。

此令一下，众多经销商虽然心有不满，但却是敢怒不敢言。不过，还真有经销商豁出去了，他们依然我行我素。因为车市低迷本来就无利可图，再加上库存的汽车占压资金，自己就只能跳楼了。对于这些有意退出者，厂家也是无可奈何。

几轮博弈下来，不少汽车厂家也开始意识到，单纯靠“压”的方式不仅不能让经销商满意，最终还影响到了自己的市场。因此，不少厂家开始做出调整行动，减轻经销商的销售任务，让经销商有更充足的时间去消化库存，目的在于与经销商一起共同度过“寒冬”。

不论是在合作还是开创事业中，或是在与人交往中，要减少背叛的现象发生，作为强势的一方要适当地考虑他人的利益。毕竟，人活着不仅仅是为了自己，除了为自己谋取利益和幸福之外，也要为他人、自己所在的团体以及整个社会谋取利益和幸福。这是每一个生活在这个世界上的人都必须履行的职责，这样才能变一次性博弈为固定博弈。否则，如果只围绕自己的利益做事，别人会怀疑你的动机，也不会和你博弈。那样，你自己的利益也会受到损失。

## 不做贪婪的海盗，掌握妥协的时机

如果要在博弈中防止对方背叛，出现负和博弈、两败俱伤的局面，就要掌握妥协的时机，该妥协时可以适当让步，这样才能使自己的利益损失最少。否则，太过贪婪，引起众怒，就会像海盗那样被扔进大海。

我们知道海盗是为驾驭大海而生，他们野性不羁、贪婪，为达目的不择手段。可是，其结果呢？如果对于自己的同伴太过贪婪，只能激起众怒，被自己的同伴扔进大海。

20世纪70年代后期，博士伦公司大举进攻其他隐形眼镜生产商并取得巨大的成功。结果，很多弱小的竞争者都被大公司收购了。可是，博士伦成功了吗？

恰恰相反，博士伦的这一举动不但遭到了同行业弱小者的抵触，而且也导致了整个隐形眼镜产业的衰落。因为，从此以后，产业之间缺乏内部的技术交流，博士伦不得不独自承担产品的技术研发费用，隐形眼镜产业失去了竞争机制，受到传统镜框眼镜的大举进攻，市场大幅萎缩。

虽然博士伦不是被隐形眼镜生产商们扔进大海，但是也被其他同行钻了空子，把该企业置入了万劫不复的深渊。以至于以后，为了扩大隐形眼镜产业的市场占有率，博士伦又不得不扶持一些竞争对手，为此付出了沉重的代价。

这个故事告诉我们，不论发展事业还是在为人处世中，都不要想一口吃掉所有的竞争对手。该妥协时就要让步妥协，这才是明智的做法，这样才有合作和重复博弈的可能。

在为人处世中，再强势的一方也要注意适当收敛自己进攻的步伐，掌握好进退的时机。要预计到博弈胜利后的结果和可能出现的变化，如果大获全胜，会引起他方的剧烈反抗或者当获胜后的形势对自己不利，就要适当妥协。

当然，这种妥协并非就是要损失自己的利益，而是要用最小的损失获取最大的利益，或者用和对方互相交换的方式来达到自己的目的。

明成祖永乐年间，贵州一带的少数民族势力很大。镇守贵州的都督马烨采取各种手段，企图刺激当地的少数民族造反，达到彻底废除土司制度的目的。

其中马烨采取的最极端做法是：把前任土司头目的妻子脱光衣服鞭打。这一下，当地少数民族果然愤怒异常，打算起兵反叛。但被现任土司头目坚决制止了，他选择亲自进京上访，状告马烨。

永乐帝自然明白马烨完全是为了明王朝的利益考虑，也知道马烨对朝廷忠心耿耿，但是马烨所做的这一切却成了他被杀的罪证。当然，永乐帝不会在和土司的博弈中让自己的利益受到损失，他清楚此时正是提出交换条件的好时机，于是答应了现任土司头目的请求。

当受辱遭打的土司头目的妻子进京后，永乐帝问她："马烨辱打你是错误的，我现在为你除掉他，你准备怎样报答我？"那位土司头目的妻子叩头说："我保证世世代代不犯上作乱。"

永乐帝微微一笑，说："不犯上作乱是你们的本分，怎么能说是报答呢？"结果，土司万般无奈，答应为明王朝从贵州东北部开辟一条山路，以供驿使往来。

这一交换条件无疑是永乐帝极其欢迎的。因为历朝历代，少数民族犯上作乱并不是杀戮可以解决的事情。一旦交通发达，官府的军队就可以畅通无阻，直击少数民族地区，那他们自然就不敢再造反了。

就这样，永乐帝妥协一步，用杀马烨换来了少数民族地区的稳定。

提到妥协，好多人都会不自觉地把妥协看成是投降，认为妥协就是放弃和认输，尤其是在双方针锋相对之时。其实二者是两码事，妥协是一方为了达到某种目的，迫于压力而让步。妥协并不是要我们没有原则地一味放弃，更不是要我们毫无目的地去后退。暂时的后退是为了更长远的前进。可见，妥协是有限度的忍让，是以退为进的策略，更是保护自己利益的手段，是为了长远利益进行的妥协，是一种眼光，是一种谋略。因此，在博弈中，不论你怎样强势，怎样霸道，都应认识到妥协的重要性，都要对自己的对手有清醒而理性的认识。要能掌控住自己妥协的时机，做一个能够权衡利弊的人。这样，即便在面对博弈的困境时，我们也能做到牺牲局部来保全大局，做到能够化险为夷。

当然，要妥协需要智慧更需要胆量，特别是自己在众人心目中有着较高的地位和威望时，妥协时需要鼓起极大的勇气。但即便是这样，也要考虑到双方都有可能两败俱伤。

“二战”结束后，世界格局形成了以美国和苏联这两个超级大国为核心的两大敌对阵营，两者势不两立。

1962 年，赫鲁晓夫偷偷地将导弹运送到加勒比海上的岛国古巴，目的是对付美国。然而苏联的行动被美国的飞机侦察到了，肯尼迪总统对苏联发出严重警告。可是，苏联方面矢口否认，于是美国决定对古巴进行军事封锁。美苏之间的战争一触即发。

此时，苏联面临着将导弹撤回国还是坚持部署在古巴的选择。如果不撤，则面临着挑起战争的危险。而美国如果不打，就面临要容忍苏联的挑衅。可是，如果打起来，大多是两败俱伤。而此时，任何一方先退下来都是件不光彩的事情。

结果，苏联先将导弹从古巴撤了回来。当然，为了给苏联一点儿面子，美国象征性地从土耳其撤离了一些导弹。

在这场美国与苏联的博弈上来说，虽然苏联先退下来丢了面子，但总比战争要好。对美国而言，既保全了面子，又没有发生战争，当然是求之不得的结果。双方在恰当的时候，同时又能在照顾彼此面子的情况下，避免了一场战争。

世界本来就是一个合作的大舞台，不论是政治领域还是经济贸易领域，合作就是一个双方妥协的过程。只有每个合作伙伴放弃了谋求个人利益的最大化，才有可能合作成功。

人生的道路并不是一条笔直的大道，面对复杂多变的形势，不仅需要勇往直前，而且需要掌握适当妥协的艺术。真正的勇者是能屈能伸的，所以，想要成为永远的胜者，就要求人们遇事都要有退让一步的态度。

在博弈中，胜利的不一定是勇者，妥协的也不一定是懦夫。有所失，必有所得，妥协实际上是给自己日后的发展留下方便，这是明智的博弈选择。

## “割肉也要舍得”

从前有一对夫妻，他们做了三个饼。每人各吃了一个饼后，还剩下一个饼，两个人都想独吞，于是就订了一个约定：谁先说话，就不能吃饼。因为都想得到这个饼，所以夫妻两人几乎一天都没有说话，尽量打手势比画来解决问题。

晚上，有个小偷窜到他们家偷窃，翻箱倒柜地到处翻腾，把所有值钱的东西都拿到手了。可是，夫妻两人谁也没有制止，都假装睡着了，因为他们有约在先。

不料，小偷看到他们不动声色后，胆子大了起来。他看见女主人长得有几分姿色，就大胆地调戏和轻薄她。可是，不但女主人不反抗，男人听到动静也不说话。

最后，女主人终于无法忍受了，边反抗边大声喊：“救命！”小偷担心邻居们都来抓他，急忙逃走了。女人得救后对男人说：“你没长眼睛啊！小偷轻薄我，你居然都不喊人抓他？”

谁知，男人听后拍手笑着说：“嘿！你终于先开口了。最后一个饼我得到了。”

人们听到这个故事，肯定会嘲笑这对夫妻。特别是那个男人，为了一个饼，竟然让自己的妻子蒙受羞耻。

但是这个故事告诉我们的是：有时，人们为了获得一点小小的利益，常常会像这对愚蠢的夫妻一样，不惜眼看着盗贼肆虐。因此，要学会“舍得”。

一棵桃树非常盼望自己能有硕果累累的那一天。终于，经过自己的顽强努力，伴随着秋风的阵阵吹拂和艳阳的照耀，这棵桃树和其他伙伴一样，结上了许多桃子，它对自己的奋斗成果很满意。

可是，采摘的季节到了，同伴们纷纷把自己的果实交给了那些前来采摘的人们。这个桃树无法忍受这种结果。在它看来，果实是自己饱经风雨，经过整整一年的培育和酝酿才终于拥有的成熟之果。它不希望自己在被采摘之后变成一副光秃秃的丑样子。

由于这棵桃树的坚决要求和顽强坚持，最终，它身上所有的果实都没有被人们采走。可是，为了使身上的累累果实具有足够的营养，这棵桃树不得不更加努力地从根部吸收养分。渐渐地，桃树的树干变得越来越细，生命越来越虚弱了，可是它仍然舍不得放弃那些诱人的果实。最后，它只能越来越枯萎，连一片绿叶也看不到了。来年的秋天，它再也无法结出成熟的果实了。

我们知道，人生的博弈是需要成本的，其中，不仅仅是时间、财物还有精力和随风而逝的年华。因此，如果发现自己在博弈中投入的成本不是机会成本而是沉没成本，就要果断舍弃，哪怕你再留恋也要挥剑砍断，这样才能保证自己既得利益不受更大的损失。特别是在小利和大利面前，我们应该舍得放弃其中较小的利益。因为丢弃了小利益并不至于导致失败，仍有取胜的机会。

在博弈中，沉没成本越多，获胜的希望越小，只有机会成本才是决策正确的相关成本。虽然机会成本不是现实的成本，是隐性的，而沉没成本却是实实在在的。正因为沉没成本人人都看得见，摸得着，因此，舍弃这些让人难免有一种“割肉”的痛楚。但是，人们看到的只是曾经的付出，对于沉没成本以后会给自己带来的危害却并没有认识清楚。因此，这种难以割舍也是不理智的选择。越是难以割舍，博弈获胜的希望越小。

看看现实生活中那些只顾眼前利益，而不顾长远利益的人，有哪个获得了成功呢？最终不都是以失败告终吗？如果只顾眼前利益，终将导致事业和人生的失败。因此，不论在为人处世中还是在自己奋斗的征途中，若想达到幸福而圆满的人生境界，就必须不断开拓自己的视界。

利益是博弈的根本目的，为了获得最大的利益，有时候先要牺牲部分利益，有所失才能有所得。在人生历程中，为官、经商、交友，谁都难免遇到一些吃亏或者受益的事情。如何看待吃亏？如何对待吃亏？也是人们经常碰到的课题。实际上，肯不肯吃亏就是舍不舍得的问题。但是这样做的前提是从大局出发，要确保牺牲的利益可以换来更大的利益。有时放弃眼前的蝇头小利，能让你获得更长远的大利。

而舍与不舍本身就证明了一个人的眼光是长远还是短浅，境界是高还是低。既如此，何不拓宽自己的视野，提升自己的境界，做个干一番大事业的人呢？

## 放弃负和，走向正和

负和博弈，是指双方冲突和斗争的结果，是所得小于所失，就是我们通常所说的其总和为负数，也是一种两败俱伤的博弈，博弈双方都有不同程度的损失。

一头驴和一只狗都在同一个主人家中喂养。一天，主人不在，驴感到饥饿，便大嚼大啃起主人放在地上的青草来。

这时，狗见驴子在吃青草，感到腹中饥饿，就对驴说："亲爱的伙伴，请你趴下身子来，让我踩在你的身上，好够到上面篮里的馒头。"

谁知驴子故意装作没听见，它怕影响自己进餐，于是只顾埋头吃草。

"亲爱的，我求你趴下一小会儿，行吗？"狗再一次请求道。

"朋友，我还是劝你等等看，待主人回来后，他一定会让你吃一顿饱饭，我想他很快就会回来了。"驴子装聋作哑好一阵子，总算开口回了话。

就在这时，一只饿极了的狼从山上跑了下来，驴子马上叫狗来驱赶，但是狗回敬道："朋友，我劝你还是快跑吧，这只狼不会让你等太久的。你可比我块大，够它饱餐一顿的了。"

就在狗还在说这些风凉话的时候，狼已经冲过来把驴子咬死了。

主人回来后，见躺在地上血肉模糊的驴子，马上明白了是怎么回事，他一怒之下，把狗给打死了。

驴和狗互相拆台，结果是两败俱伤。这就是负和博弈的现象。

一直以来，人们都认为赚钱就是一个“你输我赢”的零和游戏，一般的人在看问题时通常爱用“你死我活”“非强即弱”的极端方式。尤其在商场上，时常有这样的现象出现。在商业合作中，过去，很多公司在市场竞争管理中的一个重要观念，就是采用各种有效的方法，运用战略与战术的手段，力求做到在竞争中击败对手，以赢得更为广阔的市场。甚至有些公司为了打击对手，不惜用负面广告的方式来打击竞争对手。虽然这种手段在短期内对该公司有一定的帮助，但是很快对手会以同样的方式反击。即便他们在反击中处于劣势，也会和你从此分道扬镳，这样，两者之间再也不会有合作的可能，也不会有长期的固定博弈方式。

其实，世界上大多事情不是零和博弈，也不是负和博弈，而是互利互惠的。庆幸的是，越来越多的人认识到了“零和”的局限性，都会理智地思考一下，采取互利互惠的合作态度，那样，人际关系就可以往好的方向发展，即便贪婪凶残如海盗者，也需要考虑到互惠互利。

在海盗分金中，有5个海盗抢得100枚金币，他们决定按民主的方式进行分配。每个人提出分配方案后，其他4人进行表决，超过半数同意方案则通过，否则将被扔入大海喂鲨鱼。5个人抓号后，第一个人先表决。

当然，他们谁都不愿意自己被丢到海里去喂鱼，也都希望自己尽可能得到更多的金币。那么，每一个海盗要提出怎样的分配方案才能够使自己的收益最大化并得以通过表决呢?

此时，1号需要作出冷静的判断和分析：如果他提出的分配方案是（97，0，1，2，0）或（97，0，1，0，2），那么，2号肯定反对，没有获得金币的5号和4号也会反对。但是，即便只有两人反对，3人赞成，这个方案还是容易通过的。因为，另外获利的两位可能会想，如果不同意1号的方案，让2号分配，他们中的某一位很可能什么也得不到。因此，可以获利的两方都投赞成票。这样，1号就获得了97枚金币的可观利益，用最小的代价获取了最大的收益。

这样的答案看似不合理，但又是合理的。

也许有人会想，如果 1、2、3、4 号都分配不公，被扔进大海，利益不就都是 5 号的了吗？这是不可能的。现实生活远比假设要复杂精细得多。在这场博弈当中，1 号明白自己的方案一旦不被多数人通过，就会被扔到海里喂鲨鱼。当然,1 号不会为了利益而丢掉性命。这个过程正体现了 1 号的博弈思想，因此，他牢牢地把握住了先发优势，既照顾大多数人的利益，自己又能获得最大的收益，这便是博弈中最优的策略。

现实生活中，人人都在自认为公平的基础上追求最大的收益。要想实现这个最大化的目标，所采取的途径也应该是理性的，做到利己的同时尽量照顾大多数人的利益。

提到双赢，有些人总认为绝不可能。蛋糕是固定的，我得到的少，别人就会得到的多。双赢怎么可能？其实，在现实的经济活动乃至社会现实活动中，买卖双方的关系不再是“此消彼长”的简单线性关系。一个人收入增加并不一定导致社会上其他人收入的减少，获利并不一定以对他人的损害为条件，而是指在整个经济活动中怎样做才能够互利互惠，共同得利。这是正和博弈的方式。

正和博弈是双方都能得到实惠的一种博弈，即我们通常所说的“双赢”。正和博弈是谋求双方或多方利益的最大化。双方总是把世界看作一个合作的舞台，而不是一个角斗的场所。他们把自己的利益建立在利人利己的双赢思维的基础之上。他们不用去抢别人的蛋糕就可以做大自己的蛋糕，并且讲求彼此的和谐与互利互惠，甚至为了共同利益的最大化，不惜牺牲个人的利益。因此他们不论是在做人还是在做事方面都是成功的。

在美国，有个电影明星叫珍·拉塞尔，她曾与制片商休斯签订了一个一年 100 万美元的合同。可是，12 个月之后，休斯却因为资金匮乏而无法兑现拉塞尔应得的现金。而拉塞尔只想得到合同上规定的钱，对休斯的许多不动产毫无兴趣。结果，双方的争执越来越大，拉塞尔甚至想到通过律师来解决问题。

可是，没过多长时间，拉塞尔突然改变了主意。一天，她对休斯说："啊，我们两人的性格和行为方式虽然不同，但都有共同的奋斗目标，让我们看看能不能改换一种方式来满足对方的需要呢？"于是她开诚布公地和休斯说，她希望休斯考虑演员这一职业的不稳定性和风险性，能够体谅她的苦衷。休斯认真倾听后，也提出了自己一次性付款的困难。后来，他们重新达成了一致的协议。

经过他们的共同商议，合同改为休斯每年付给拉塞尔 5 万美元，分 20 年付清。这样，拉塞尔有了 20 年的稳定收入，不必为失业而担忧，而且所得税可以逐年分期缴纳，并且有所降低；休斯通过分期付款，解决了资金周转困难的问题。

由此可见，双赢并非不可能。通人们过有效合作，皆大欢喜的结局是可能出现的。只要能走出个人利益的狭小天地，站在对方的角度考虑，就可以创造性地提出了一个满足双方需要的方案。需要注意的是，这种共赢不仅表现在人们之间的博弈上，也表现在对待自然环境的博弈中。

在人类社会的发展历史上，人类所经历的工业化革命，不仅带来了经济的高速增长、科技进步、全球化发展，而且也带来了日益严重的环境污染。这之后，人们正逐渐从"零和游戏"的观念向"共赢"的观念转变。这是因为，人们开始认识到"共赢"的重要性。因此，环保问题被提上日程，越来越受到人们的重视。

"共赢"预示着一种新时代的来临，暗示着人与人、人与自然的全面协调发展和和平共处关系的形成。共赢的时代不是建立在人们之间的依附或占有的基础之上的，而是建立在双方甚至多方之间相互促进与共同发展，以促进社会的全面进步与繁荣发展的基础上的。这样不仅会达到共赢的结果，在这种良性循环下，还会出现多赢的局面。这是我们追求的正和博弈的最高境界。

## 言明利益，把对手变成同盟军

合作，不仅是在和自己志同道合的人之间，也可以和对手进行合作。当然，要把对手变为自己的合作者，并不是那么容易，需要花费一定的时间。但是，只要你能和对方言明合作与不合作中对方的利益得失，那么，他们自然会做出有利于自己的选择。也许，他们会主动退出僵局。

东汉末年太史慈在郡里担任属官时，正巧郡里和州里发生争执，他们分别上奏。当然，先入为主，谁的奏章先到达京城洛阳，就更有可能胜利。

为了抢先上报奏章，郡里和州里展开了比赛。当时州里的奏章已派人送出，郡里的官员怕自己落后，选中太史慈火速赶往京城。太史慈也不负众望，日夜兼程赶到洛阳，提前上报了奏章。

按说，太史慈的使命完成了。可是，他看到州里上报奏章的官员正在求守门的官吏为自己通报，太史慈走上前假装好心地问道："你的奏章在哪里？拿来我看一看，题头落款是不是写错了？"

州里的官员觉得太史慈是个懂行的，如果公文格式不对也是问题，于是便交给太史慈。可是，谁也不会想到的是，太史慈拿过奏章就撕碎了。州里来的官员大吃一惊，拉住太史慈非要让他赔奏章。

可是，太史慈却反咬一口说："奏章是你给我的。假如你不给我，我也没有机会把它撕了。不过你不用惊慌，是祸是福，我和你一同承受。这事反正也没有其他人知道，不如咱们现在悄悄离开这儿。你回去后就说奏章已经送到，我肯定不会告发你。"

事已至此，州里的官员想了想，按照太史慈所说的，对自己的利益也没什么损失。于是，就和太史慈一起悄悄地回去了。

就这样，郡里送的奏章终于被批准。州里认为是自己的奏章没有起到作用，也就没有追究。

在人们看来，太史慈不按常理出牌撕毁对方的奏章，对方岂能与他善罢甘休？可是，太史慈站在对方的角度考虑，为对方言明利害关系，竟然把竞争对手变成了同盟军。

不论在官场还是在商场、职场，人们之间的博弈都是为了争取更大利益、保护自己的利益不受损失。特别是强势的一方，在争取到自己利益的同时也要为对方考虑，尽量让对方遭受的损失降低到最低。否则，对方无利可图，又要遭受损失，定会对你不依不饶，战斗到底。

最明显的是，在企业的“价格大战”中。如果能为对方言明利害关系，让对方与自己合作，就可以解决企业间的争端。

在价格战中，任何企业都想打垮对手，争取更大的商业利润。于是，他们之间必然会因为市场份额的争夺而引起争斗。

争斗的最终目的，当然是希望抢占对手的市场份额，增加自己企业的利润。那样，获胜的一方赢得的市场越大，就可以借机提高价格，就可以赚得更多的利润。但问题在于，消费者可以在两家打价格战的企业中进行选择。如果一方价格高，东西贵了，消费者当然不会买你的东西而转向另一方。这样，双方为了争夺消费者，都会陷入无休止的价格大战中，竞相降低价格，“跳楼”“亏本”“吐血甩卖”等，花样别出。

比如，甲企业希望整垮乙企业，就会在原来的低价基础上再度降低价格。那么，乙企业为了保证自身的利益，也只能跟随甲企业降低价格，这样的最终结果，会导致两个企业两败俱伤。总之，最终受益的是消费者。

为什么会出现这样的情况呢？道理很简单，因为每个企业都将同类企业作为对手，只关心自己一方的利益。从来没有考虑对手的利益，更没有考虑把他们当作合作伙伴看待。因此，要扭转这种观念，要认识到只顾竞争会伤害彼此的危害，不妨试着和对手合作一把，让矛头一致对外。

其实，对任何企业来说，最好的方式是合作抬价。如果两个企业联合起来商定一个双方都同意的市场价格而且消费者也能承受得起，那么，双方联手都不采取降价的方式，消费者在购买商品时没有别的选择余地，贵也只好买，那样，双方企业都会成为对局中的赢家。而且，两个企业的利润都会增加。如果对局双方都清楚这种前景并加以合作，那么双方都可以因为避免价格大战而获得较高的利润。这种“双赢对局”实际上就是双方利益最大化的结果。

当然，企业之间的利益是挣钱，是挣利润，但手段和方式要因合理。当然，把竞争对手变成盟友，也需要有宽大的胸怀。因为这些对手曾经与你刺刀见红，要置你于死地。因此，战败对方后，许多人都想消灭他们，这是一种错误的观念。

有竞争才能有发展。虽然说竞争对手是在与自己争夺既得利益，但正是因为对手的存在，才使彼此不断进步。因此，做人大度一些，相互赢得互相支持总比互相拆台要好。

众所周知，唐朝是我国的重要历史时期，而唐太宗李世民就是这一历史进程开端的伟大奠基者。为缓解民族间的矛盾，促进多民族国家的形成，他以博大的胸怀，不计前嫌，不仅给那些少数民族的部落首领讲明归顺唐朝的利害关系，而且还让许多归顺的人在京城长安任职。

李世民还对这些被任用的少数民族首领十分信任，授予他们官爵，放手让他们参加了所有的战争，发挥他们的军事才能。当然，这些人也立下了卓越战功。皇帝直接任命少数民族首领，在历史上有如此恢宏气度者，李世民大概是第一人。就这样，唐太宗用他博大的胸襟把各个民族团结在大唐帝国周围，唐朝形成了万国来朝的鼎盛时代。

在这个世界上，合作是主流。即便是竞争对手之间也并非就是水火不相容的，关键是你对待他们的态度和胸怀。如果你能设身处地考虑对方的利益，就有联手合作的可能。那样，对手就会成为你的合伙伙伴，即使对方在博弈中败下阵来，也要尊重对方，并感谢他曾经是你赶超的目标，是你进步的动力。

# 第八章

# “斗鸡博弈”，置之死地而后生

当势均力敌、旗鼓相当的AB两只公鸡相遇时，它们都有两个选择：进攻或撤退。若两只公鸡都选择了进攻，那么注定两败俱伤；若都选择了撤退，则不分胜负。若A公鸡进攻、B公鸡撤退，那么A公鸡胜利，B公鸡丢面子；若B公鸡进攻、A公鸡撤退，那么B公鸡胜利，A公鸡丢面子。但虽然丢了面子，也比两败俱伤要好。

“斗鸡博弈”在我们生活中有很多，比如生活中经常见到吵架——夫妻之间，朋友同事之间，陌生人之间，但绝大多数都是以一方退让而偃旗息鼓。开始双方调子都很高（都想做那只进攻的斗鸡），反复地试探、摸底……一旦确认对方真正的实力与策略，往往就会有一方退让，不至于酿成真正的武力对抗而两败俱伤。

## 两军相逢，勇者不战而胜

有一篇课文说的是两只山羊面对面过独木桥，互不相让，在桥上争斗，最终一起掉入河里。

显然，坚持前进打得头破血流双双掉进河里，不是最佳的选择。那么，就只好一方后退了。如果对方坚持不后退，惟有自己后退一步，让对方先通过，之后，自己再过去。尽管后退浪费了一点自己的时间与精力，还有点让自己脸上无光，但总比掉到河里好很多。

故事里的山羊，一定不是“理性经济人”，也没有读过博弈学。在博弈学里有一个类似的模型叫“斗鸡博弈”，讲的是两只公鸡狭路相逢，谁也不服谁，在最后关头这两只鸡不会都采取进攻策略——因为两只公鸡都负担不起你死我活的冲突后果，但也不会都采取退让妥协策略。通常是一只鸡进，大胜；另一只鸡退，小败。

因此，在“斗鸡博弈”中，如果有一方拿出“绝不后退”的姿态并让对方相信，那么前者必定是最大的赢家。这就是为什么在纠纷中，讲理的人往往让着那些无理取闹的人、耍横玩命的人。

看到这里，也许有读者会这么想：看来做人还是无理取闹、蛮横霸道好，这样就能在纠纷中总是做最大的赢家。但问题是，对这样的人如果你硬碰硬，不采取避之不及态度，会惹祸上身的。

曹操在官渡之战中战胜袁绍就是斗鸡定律的变化和运用。

东汉末年，天下大乱，军阀混战。此时，袁绍的实力最强，统治的地盘也最大，而当时曹操只是刚兴起的一个小军阀，地盘也不大，所以袁绍根本就没有把他放在眼里。但是当曹操把刘备打得落花流水，刘备逃命到邺城（冀州的治所，在今河北临漳西南）时，袁绍才感到曹操的威胁，认为他是个强大的敌人，由此决心进攻许都。

这时的曹操势力仍然比袁绍弱小，但也并不是一只任人宰割的小鸡，而此时许都的力量已经比袁绍的谋士田丰劝袁绍攻打许都时强了许多，这时候田丰不赞成马上进攻许都。他说：“现在许都已经不是空虚的了，怎么还能去袭击呢？！曹操兵马虽然少，但是他善于用兵，变化多端，可不能小看他。我看还是作长期的打算。”田丰正确地估计了曹操这只斗鸡的实力，但袁绍没有听田丰的话，田丰一再劝谏，袁绍反而认为他扰乱了军心，于是把他关进了监狱；然后向各州郡发出文书，声讨曹操。公元200年，袁绍集中了十万精兵，派沮授为监军，从邺城出发进兵黎阳（今河南浚县）。他先派大将颜良渡过黄河，进攻白马（今河南滑县）。

而曹操早已率领兵马回到官渡，在这场战争的博弈中，他可以选择退却或是逃跑，但这样的话，他就会被袁绍消灭，这明显是他的劣势策略；还有就是选择前进，与袁绍放手一搏，这样也会有两种结果，一是被袁绍消灭，二是打败袁绍从而壮大自己。曹操博弈的决定，向前攻击成了他的优势策略。当白马被围时，曹操准备亲自去救，他认为这正是鼓励士气的时候。但他的谋士荀彧却劝他说：“敌人兵多，我们人少，不能跟他硬拼。不如分一部分人马往西在延津（在今河南延津西北）一带假装渡河，把袁军主力引到西边。然后派一支轻骑兵到白马，打他个措手不及。”曹操采纳了荀彧的意见，来个声东击西。

袁绍听说曹操要在延津渡河，果然派大军来堵截。哪知道曹操已经亲自带领一支轻骑兵袭击白马。包围白马的袁军大将颜良没防备，被曹军杀得大败。颜良被杀，白马之围也解除了。正是这种分散敌人兵力的策略，曹操这只斗鸡对袁绍的实力进行了侧面的试探，结果是袁绍并不如他表面上那样强大，曹操取得了官渡之战的前期胜利，大大地鼓舞了士气，为后面的胜利打下了基础。

袁绍一听曹操救了白马，又气又急，马上下令全军渡河追击曹军。当时监军沮授劝袁绍把主力留在延津南面，分一部分兵力出击。但是袁绍不听沮授劝告，派大将文丑率领五六千骑兵打先锋。这时候，曹操从白马向官渡撤退。听说袁军来追，就把六百名骑兵埋伏在延津南坡，叫兵士解下马鞍，让马在山坡下溜达。把武器盔甲丢得满地都是。

文丑的骑兵赶到南坡，正好看见曹操所设计的样子，认为曹军已经逃远了，就叫兵士收拾那丢在地上的武器。就在此时。曹操一声令下，六百名伏兵一跃而出冲杀过来。袁军大惊，来不及抵抗，就被杀得七零八落，文丑也当场被杀了，曹操取得了官渡之战中的第二场胜利。这两场胜利都是以少胜多，大大地鼓舞了士气，为全面打败袁绍拉开了序幕。

两场仗打下来，袁绍一点好处都没有捞到，还损失了手下的颜良、文丑两员大将。袁军士气低落。但是袁绍大有不达目的不罢休之势，他一定要追击曹操，打败曹操才甘心。在这种情况下，监军沮授第二次劝阻说：“我们尽管人多，但不像曹军那么勇猛；曹军虽然勇猛，可是粮食没有我们多。所以我们还是在这里坚守，等曹军粮草用完了，他们自然会退兵。”这其实是一种后备而动的策略，如果实施的话，曹操要完全打赢官渡之战恐怕还有相当大的难度，甚至被袁绍打败以致吞并，可惜袁绍再一次没听沮授劝告，命令将士继续进军，一直赶到官渡，扎下营寨。曹操的人马早已回到官渡，布置好阵势，坚守营垒，两军打起了持久战。在这种情况下，双方的博弈形式发生了改变，出现了双方进攻，一攻一守，只守不攻三种形式。双方对攻，曹操人少，不利；如果曹操进攻的话，袁绍人多，袁绍获利，这是曹操最不愿意的；如果袁绍进攻，曹操想办法杀伤袁绍的兵力，曹操获利，这是他所期望的，

袁绍看到曹军守住营垒，就吩咐兵士在曹营外面堆起土山，筑起高台，让兵士们在高台上居高临下向曹营射箭。曹军只得用盾牌遮住身子，在军营里走动。袁军消耗了弓箭却一无所获，曹操跟谋士们一商量，设计了一种霹雳车。这种车上安装着机钮，兵士们扳动机钮，把十几斤重的石头发出去，打塌了袁军的高台，许多袁军兵士也被打得头破血流。

就这样，双方在官渡相持了一个多月，曹军的粮食越来越少，曹操眼看就要支持不住了，写信到许都告诉荀彧，准备退兵。荀彧回信，劝曹操无论如何要坚持下去，这时候，战争的转机来了，袁绍不重用的谋士许攸来到曹操的大营。他向曹操献计烧掉了袁绍在乌巢的军粮，结果正在官渡的袁军将士听说乌巢起火，都惊慌失措。袁绍手下的两员大将张郃、高览带兵投降。曹军乘势猛攻，袁军四下逃散。经过这场决战，曹操一举消灭了袁绍的主力，从而奠定了一统北方的大好形势。过了两年，袁绍病死。曹操又花了七年工夫，扫平了袁绍的残余势力，统一了北方。

## “威慑姿态”要做足

怎样把“威慑姿态”做足呢？

就是选择“威慑”的一方要表现出义无反顾、勇不可当的样子，以大无

畏的气势震住对方。当然“威慑”也是平等的，双方都可以采用，若对方表现得比你还勇猛，你就要“识时务者为俊杰”了，因为与“不要命的人”拼命是不值得的。

人要让自己的威慑更加有效，需要表达出你孤注一掷的决心，对方才会有所忌惮。

古代有两个妇女，同时在一间屋子里生下小孩，但其中一个孩子死了，两人都争说这个活着的孩子是自己的，死孩子才是对方的。人们请了所罗门王来断案。

所罗门王说，既然你们都说自己是孩子的母亲，那就把现在这个孩子一劈为二、一人一半。一个妇女欣然同意，说这样最好。而另一个妇女则说，宁可给对方，也不愿将孩子劈死。

聪明的所罗门王据此明断：赞同的妇女是假的母亲，不赞同的妇女才是真的母亲。

在这个传说中，所罗门王用了“威慑”手段。

一位姑娘与小伙子相爱，但姑娘的父亲坚决反对，以断绝父女关系相威胁。如果姑娘害怕的话，她可能会中断与恋人的关系，因为恋人是可以选择的，而血源是不能替代的。庆幸的是，这是个聪明的姑娘她知道父亲不会那么做。因为那样的结局对父亲更加不好，不但失去女婿，还会失去女儿。于是她义无反顾地将“生米煮成了熟饭”，勇敢地结婚了。用博弈论的话来说，父亲的“威慑”是个不可置信的假威慑。最后的结果，父亲还是接受了女儿女婿。

要让自己的威慑更加有效。需要做出断绝后路的行为，表达出孤注一掷的决心，这样对方才会对你有所忌惮。按博弈论的说法，“斗鸡博弈”有两个“纳什均衡”：“你进我退，你退我进。”自己的行为取决于对方的行为，而且双方都是这样的选择。而最后的“纳什均衡”究竟会出现在哪一点？也就是到底是谁进攻谁撤退呢？这就要看谁使用了“威慑战略”，并更为有效了。

在处于对立状态的斗鸡博弈中，一般而言，实力相对弱小的一方占下风的时候比较多，这是因为博弈双方如果都采取主动，就会变成一场消耗战，而弱者的实力有限，经不起长期的折腾，最后总会在不损害自己根本利益的前提下作出让步，从而形成一种纳什均衡。对于强的一方来说，所谓杀敌一千，自损八百，虽然家大业大，经得起折腾，但无休无止的消耗，也必然得不偿失，因此宁肯牺牲小部分利益，甚至作出让步来换取长期的消耗。

所以，在实力不相当的博弈中，虽然双方都是大打出手，但双方意识到谁也不能彻底打垮对手的时候，就会寻求解决办法。而有趣的是，在经济学上常说的“船小好调头”，在博弈学中同样适用。

## 斗鸡博弈中的最坏结局

在斗鸡博弈中，当双方实力相当的时候，要猜测对手作出什么选择，自己做出什么选择，最佳策略维护自己的利益。其实，斗鸡博弈如果按照博弈原理，双方和则利，分则两害。但在历史上，斗鸡博弈双方往往是两败俱伤或者一方吞并另一方的结局居多，甚至如果双方都不遵守博弈规则，极有可能导致同归于尽的结局。这是斗鸡博弈最悲惨的结局。这种结局历史上是否有呢？在春秋初期，虞、虢两国之间唇亡齿寒的故事就是斗鸡博弈最具有悲剧性的结果。

春秋时期，两个小国，虞国（山西平陆）和虢国（河南陕县）。虽然地狭人稀，国力弱小，但由于长期跟戎狄杂居，民风强悍。他们世代相邻，实力相当，谁也吞并不了谁，反而在对付戎狄侵略的过程中互助互济，结成了统一战线。如果用博弈观点来看，虞和虢找到了最佳均衡点。

这两国都和周天子有较多的联系和交往。虢国跟周天子特别亲，曾接任郑庄公任周天子卿士，在长葛之战担任下军统帅。虞、虢两国互结同盟，是一种典型的唇亡齿寒的关系。

但虞、虢两国的合作也是相当脆弱的，他们必须是双方都具有互助互济的精神，而且要保持高度、充分的信任，任何一方只要有了“人不为己，天诛地灭”的想法，双方都会陷于孤立无援的处境；而如果双方都打对方主意的话，必然会陷于双方同归于尽的悲惨境地。所以，任何一方的改变，或者任何外来势力的参与，都可能导致这一均衡的打破。

然而，不幸的是，有一个大国盯上了这两块肥肉。这就是晋国。晋国从西周初年被分封到山西境内，实力一直不弱，晋献公结束了家族的纷争，奋发图强，极力开疆土。

对国家而言，吞并他国是壮大自己的最佳策略。当时，地处黄河南岸虢国，是晋国向中原发展的首要障碍。晋献公遂决心灭虢，但灭虢又必须经过南部边境的虞，而虞、虢两国唇齿相依，关系又十分密切，倘使晋国开启战端，就会陷入两线作战，犯兵家大忌。所以，晋献公采取对策，打破虞、虢两国的共赢博弈状态。

晋献公为打破对手建立的战略联盟而征求臣下的意见。大臣荀息提出了个简单而又适用的方案，用晋献公最喜欢的北屈的良马、垂玉璧，献给虞君，假道虞国而伐虢。

晋献公舍不得宝马和美玉，荀息劝他说：“若得道于虞，犹外府也。”

晋献公担心虞国有贤臣宫之奇，怕虞君不会上当。荀息申辩说：“宫之奇之为人也，懦而不能强谏，且少长于君，君昵之，虽谏，将不听。”于是，晋献公决计贿赂虞君，假道灭虢。

情况正如荀息所料，虞君一看到良马宝玉，就陷入了利令智昏的地步，很快就答应了晋国的借道要求，虞、虢两国脆弱的联盟顿时土崩瓦解。虞国大夫宫之奇向虞公讲述了“辅车相依，唇亡齿寒”的道理，指出虞国和虢国休戚相关，荣辱与共，借道无异于自杀。然而，虞公却有了自己的小算盘。在他看来，晋国和虞国是同宗，同宗的晋国正在强大，依附晋国，必然获得更大的利益。

虞公显然是错误地估计了虞和晋的形势。对晋国来说，与虞国这样小的邻国互助互济明显是得不到最大好处的。因为不占据对方的土地和人口，只能弄到点蝇头小利。最好的方法就是把对方的人口和土地据为己有，才能获取最大利益。所以，从一开始，晋国从内心深处就准备消灭这些小国。对虞公来说，他的想法也不无道理。晋、虞同宗，从血缘关系上与晋国更接近，都是周王室的后裔，而且与一个大国结成攻守同盟比与一个小国结成战略联盟似乎要划算得多。

但虞公的想法幼稚。虞公迫不及待地出兵和晋国兵合一处，共同讨伐昔日的战友虢国。虢国虽丢了山西平陆县，但元气不伤，晋国知道虢国实力不弱，暂且退兵。随后数年里，晋献公屡次催促大臣荀息再次发兵打虢国。荀息说："如今虢国和狄人作战，咱们坐山观虎斗吧。"

最后这一场三方的博弈结局很明显。晋献公二十二年即公元前655年，晋国趁虢国实力大大削弱，再次借道虞而伐虢，灭掉虢国，虢公狼狈逃往周地。在荀息的策划之下，晋师于返回晋国的途中，乘虞国毫无戒备，突然发起袭击，轻而易举地灭掉虞国，俘虏了虞君。

虞、虢从相互依靠到最后共同灭亡，最重要的原因就在于两国建立的共赢博弈太脆弱了，经不起外来力量的推动。而虞公在诱惑面前算错了形势，错误地推断了博弈均衡点，最终留下了唇亡齿寒的故事。

## 究竟如何选择你的道路

前面我们已知，在博弈中纳什均衡点如果有两个或两个以上，结果就难以预料。这对每个博弈方都是麻烦事，因为后果难料，行动也往往进退两难。

举一个小例子，两个骑自行车的人对面碰头，很容易互相"向往"：因为不知道对方会不会躲、往哪躲，自己也不知该如何反应，于是撞在一起。

自行车相撞一般不会造成什么大麻烦，可是如果换成汽车，就可能出现伤亡。所以，应该有一个强制性的规定，来告诉人们该怎么做。

开车的时候你应该走哪一边？假如别人都靠右行驶，你也会留在右边。假如每个人都认为其他人认为每个人都会靠右行驶，那么每个人都会靠右行驶，而他们的预计也全都确切无误。靠右行驶将成为一个均衡。

不过，靠左行驶也是一个均衡，正如在有些国家出现的情况。这个博弈有两个均衡。均衡的概念没有告诉我们哪一个更好或者哪一个应该更好。假如一个博弈具有多个均衡，所有参与者必须选择一个达成共识，否则就会导致困惑。

海上航行也要面临同样的问题，尽管大海辽阔，但是航线却是比较固定的，因此船只交会的机会很多，这些船只属于不同的国家，如何调节进谁退的问题呢？先来看一个小笑话：

一艘军舰在夜航中，舰长发现前方航线上出现了灯光。

舰长马上呼叫：“对面船只，右转 30 度。”

对方回答：“请对面船只左转 30 度。”

“我是美国海军上校，右转 30 度。”

“我是加拿大海军二等兵，请左转 30 度。”

舰长生气了：“听着，我是‘列克星顿’号战列舰舰长，这是美国海军最强大的武装力量，右转 30 度！”。

“我是灯塔管理员，请左转 30 度。”

即使你的官阶、舰船再大，灯塔也不会给你让路。那么，如果是两条船相遇，又如何决定呢？

谁先不能等待临时谈判，也不是由官阶说了算。海上避碰犹如许多国家规定车辆在马路上靠右走那样不容谈判的规矩。人们规定：迎面交会的船舶，各向右偏一点儿，问题就解决了。十字交叉交会的船舶，则规定看见对方左舷的那艘船要让，慢下来或者偏右一点儿都可以，这就从制度上规定了避让的方式。

这十字交叉交会时如何避免碰撞的规矩，就是上述博弈的两个纳什均衡中的一个。究竟哪一个纳什均衡真正发生，就看两船航行的相互位置。如果甲看见乙的左舷，甲要让乙原速直走；如果乙看见甲的左舷，乙要让甲原速直走。

第九章

# 用囚徒困境保护自己的利益

在很多博弈中，人们都面临着利益分配的问题。不论是来自同一战壕的一方，还是和竞争对手之间，每个人都想多分配一点。即便是在合作方，在战胜了共同的对手后，他们之间也会为利益分配再起争端。

那么，怎样才能为自己争取到最大利益呢？是平均分配吗？还是无奈地看着弱肉强食？要为自己争取最大利益，不妨学学警察的博弈智慧，巧设囚徒困境，把企图损害你利益的对方置于困境中。

## 要公平而非平均

人们有这样的思维：不患寡，而患不均。这就是说，人们能够忍受贫穷，而不能忍受社会财富分配的不均等。在博弈中也是如此，公平分配的确是人们追求的目标。然而，什么是公平分配呢？怎么分配才能分毫不差而且既完整又公平呢？

在许多人的意识中，公平就是平均分配。可是，若一定要如此，那一切都会被破坏。

有一位在当地颇为富裕的老人，在年老病重时很挂念自己的那些财产，担心儿子们因为争夺财产而伤感情，如果是那样，自己死都无法瞑目。老人把两个儿子叫到床前，语重心长地说："将来有一天，我会把咱们辛苦创下的家业分给你们。你们不用担心，我不会偏心的，一定要分得很公平。"顿了片刻，老人又说："到时候我会请咱们族里年龄最长的长辈来分。他是咱们村最公平的人，心如清水一样，肯定会分得让你们满意。"老人交代好后，仿佛完成了自己的一桩重大心愿，看到儿子们没有什么异议，很满足。

不就，老人就过世了。他的儿子们想到父亲临终交代的财产要公平分配，于是请来族中的长辈。这位族长来了毫不犹豫地就把每样财产（物品）都分成两半。好好的一件衣服被撕成一半，锅、盆也都切分成两半，就连那些完整的家具也被分成了两半。

这位族长的做法荒唐和极端，为了达到公平的结果不惜破坏事物的完整，破坏事物的使用价值。对于老人的儿子们来说，任何财产都不完整，要这些有什么用处！由此看来，公平并不一定是指平均。如果不考虑分配事物的使用价值，总是建立在平均基础上的公平并非都可取。

而且，这种看似平均的分配其实是不公平的。假如老人的儿子一个勤快，一个懒惰，一个对家庭贡献大，一个却什么也没做，只是因为他们都是老人的儿子，就拥有了分享财产的权利，这种平均分配怎能体现公平？因此，这种平均分配思想其实是体现了一种“吃大锅”饭的思想，只要自己是集体中的一员，不论是否参与劳动，是否付出汗水，都应该获得同等的收益。多劳动的并不多得，偷懒的人也人人有份。这样，无疑伤害了勤劳人的利益，使那些偷懒的人占了便宜。这个分配虽然公平，却有伤参与者的积极性，如果在一个集团中，只注重利益的均等，而忽视贡献的多少，只会导致大家都变得懒惰，最终导致整个集团效率的下降。

最可怕的是，如果平均分配的制定人因此而不敢越雷池一步，那么，自己最终也会作茧自缚。

不论是婚姻感情博弈还是生活其他方面的博弈，不论是双方合作还是多方合作，利益分配要让人满意都需要确定一个分配的公平标准，某种分配符合这个标准，它就是公平的，否则就是不公平的。

我们知道，激励机制是现代企业管理中常用的手段，也是非常有效的手段，这种机制可以更有效地调动大家的积极性，使其全身心地投入自己的工作中去。因此，管理者需要注意，一定要激励“好员工”，给贡献多的“好员工”更多的收益，让“好与不好者”之间的收益体现出他们的劳动价值，这样才能给自己的团队带来更多的利益。

也许有人会说，最大的利益谁不想占有，怎么能够按需分配呢？其实，并非如此。我们举个例子来说明。

假定一对夫妇感情破裂，不想在一起过日子了。于是，他们要求法院对财产进行分割。其实他们的财产很简单，无非就是冰箱、自行车、计算机、家具、被褥、锅碗瓢盆，一共有 6 大件。

法官看了他们的财产叫他们对这 6 大件物品进行轮流选择，所选择的归其所有。当然是女士优先。那么，选择的结果会是什么呢？

这位妻子会先选择那些比较值钱的家当吗？非也！她要选择自己最需要的。比如，她想开个小吃店，那么一切可以利用的家具、冰箱和看起来不起眼价值也不高的锅碗瓢盆就是她最需要的。而丈夫呢？想搬到单位宿舍去住，那么他肯定不会选择家具，只需要一个被褥和一台电脑即可。如此，不是皆大欢喜吗？

这种利益分配原则就体现了按需分配的原则，每个人的选择都是自己最需要的，也是通过自己的劳动所得应该得到的。这样才有重复合作的可能。因此，这种利益分配机制也是最公平的，因为这是他们自己的选择，相互毫无怨言。

不论在企业管理中还是在与人合作中，要想达到这种皆大欢喜的利益分配的目的，需要遵循以下几个原则：为每个人提供公平均等的机会，提倡和鼓励竞争；在内部各类、各级职务的薪酬水准上，适当拉开差距；对那些为集体利益作出最大贡献者，给予他们应得的利益；其次，在福利待遇方面按需酬劳。这样才是公平的表现，才能防止平均分配的现象出现，才能激励起每个人的积极性，去创造最大的合作效益。

## 倒推自己的利益

在平面几何中，有一种反证法。不是从条件开始推出结果，而是从结果开始推出条件。这种方法称之为反证法。

在博弈中也存在一种反证法。“倒推法”就是一种反证法。它是这样一个博弈模式：

两个参与者 A、B 轮流进行策略选择，可供选择的策略有“合作”和“背叛”两种。A、B 之间的博弈次数为有限次，比如 100 次。假定 A 先选，然后是 B，如此交替进行，这个博弈因形状像一只蜈蚣，而被命名为蜈蚣博弈。

但是，A 不是从第一次开始往后选择，他是先从结果，也就是第 100 次开始选择。此时，A 考虑的是：B 在第 100 次的选择中会是什么结果？（因为是 A 先开始选择，那么第 100 次就是 B 选择。）

假定 B 选择合作，那么彼此的收益会是皆大欢喜；如果 B 选择不合作，那么，B 会铤而走险，不顾 A 的利益选择背叛，独得 101 的收益。此时，根据一般人的判断，B 在 100 次的选择时会毫不犹豫地背叛 A，因为这样自己的利益最大。

然而，A 此时用了倒推法，正因为他预测到 B 在 100 次时会背叛自己，没有继续合作重复博弈的可能，因此他在第 99 次自己的选择中就毫不犹豫地与 B 分道扬镳，也就是说他先背叛了 B。那么，无疑，此刻 A 的收益为最大，因为此后的 B 无论怎样选择都对自己没有任何伤害。此时，A 是收益是 99，而 B 却是 98。

当然，如果 A 预计到了结果，一开始就选择不合作，那么他的收益只能是 1，这实在不是明智的做法。由于他预计到 B 会在最后一次的选择中背叛，他在从 1 到 100 的选择中和 B 一直合作下去，并且在 99 次断然而止。这样，既从和 B 的合作中共同做大了蛋糕，又分得了自己的最大利益。这就是蜈蚣倒推的神奇作用。

由此可见，在人际交往中，选择合作比开始就断交收益会大得多。当然，能够继续合作下去自然是双方都希望的，但是，有些时候，客观环境的变化不是人们自己能够主宰的。俗话说“天下没有不散的筵席”。“分久必合合久必分”。如果面临大势所趋需要分离而无法合作的话，一方为了利益考虑必然会选择背叛对方。那么，与其等对方背叛自己，自己品尝失败的苦果，不如自己先下手。当然，这种方法也是在你运用倒推法预测到结果的基础上才能得以实施。

当然，如果是那种只顾自己私利的小人，一旦看透他们迟早会背叛的本性，也应该断然绝交，不一定要维持到100次。因为你合作的时间越长，遭受的损失越大。

一般来说，人们在奋斗的过程中通常会选择体验式的博弈方式，当初，自己并没有一个明确的人生规划，试图通过在奋斗的过程中不断体验人生的酸甜苦辣、不断纠正自己的奋斗目标，积累经验来达到成功。多数职场新人甚至从未考虑过自己的职业发展，普遍的一个现象是：跳槽频繁，单份工作超过半年的屈指可数，短短时间之内介入多个行业、找不到自己的职业方向、在交际圈中无法建立起自己的职业品牌。这种目标不明，在人生历程中会不断遭遇问题，多走许多弯路，之后又不断纠正自己的奋斗目标，如此反反复复会浪费许多精力和时间，等你找到了自己值得奋斗的目标，也许精力和时间都来不及。

而“目标导向式”是先为自己设定长远的人生规划，然后直接奔着目标跑。拥有这种思维的人不问自己现在有什么，只问自己要实现什么目标需要做什么。他们做任何事情都能根据目标的要求，规划实现目标的条件，并在实际工作中努力去发现、借助和创造实现条件，倒推资源配置、倒推时间分配、倒退链接方法等，根据目标对奋斗过程中可能出现的情况做出不同的选择，通过循序渐进的奋斗来接近或者实现自己的目标。这种奋斗就会少走许多弯路。这种反向思维方式也是异于常人的一种思维方式。

比如，有位大学生，他的奋斗目标就是“创业致富”，因此毕业后尝试自主创业。在奋斗的过程中，他不断调整自己的项目，努力寻找实现目标的机会，并且不断细化和充实自己的目标，最后通过自己的努力从一个一穷二白的大学生变成创业英雄，通过良好的职业定位实现了快乐生活和社会认同。

总之，能够运用这种蜈蚣一样的倒推博弈法，不仅在为人处世中，就是在自己奋斗的路途上也会保证自己不会因选择的失误而误入歧途，增加博弈的投资成本。

## 巧设囚徒困境，把对方置于困境

在博弈中，一定会遇到各种各样的人。其中，有些人就是居心叵测，一心想把你置于困境中。当你在博弈中处于不利地位时，要学学警察的智慧，想办法把对方置于困境，让他们处于囚徒困境之中。

**1. 把自己的利益和对方捆绑到一起**

当然，把对方置于囚徒困境中，可以用各种办法。如果你面对的是可以控制左右自己的人，不妨把自己的利益和他的利益捆绑到一起。因为牵一发而动全身，这样，他们不会选择背叛自己。那么，你也会得到他们的保护，从而生存下来。

法国路易十一当政时，宫内有一名特别灵验的占卜师。路易十一决定杀死占卜师。

对于一个至高无上的国王来说，要想杀死一个手无寸铁的占卜师太容易了。可是，路易十一突发奇想，既然占卜师如此灵验，那么他是否能预测自己的命运呢？于是，路易十一得意地问占卜师："你知道自己还能活多久吗？"占卜师说："我会在您驾崩前三天去世。"

这话着实令路易十一大吃一惊。他想假如杀了占卜师自己可能会突然毙命。于是，路易十一没有发出杀掉占卜师的预定暗号。

就这样，这名占卜师得到了国王全力的保护，一生享尽了荣华富贵。而且他比路易十一多活了好几年。

占卜师面临性命攸关生死的时刻，巧妙地把灾祸巧妙地转嫁到了国王身上，让对方置于囚徒困境中，他把自己的利益甚至性命和国王联系在了一起，如此，对方怎敢冒生命的代价来背叛你呢？此时只能被迫与你合作。因此，当你在博弈中处于劣势时，即便是孤立无援，也不要悲观失望，要设法让对手和你陷入同样的困境，此时，他为了保全自己的利益，就会无奈地做出有利于你的让步。从博弈思维上来讲，这是一种困境中的博弈策略，比鲁莽的同归于尽要聪明许多。

**2. 出其不意，攻其不备**

在某个村子里，有两个年轻人偷了邻村的牛，并偷偷给卖了。邻村村主任前来交涉。他先是问其中一人：

“牛还在你们村不？”

小偷甲矢口否认：“我们这里根本就不养牛，连一根牛毛都看不见。”

村主任又出其不意地问：“你们村后有一个池塘吧，我想偷牛的人肯定是去过那里。”

小偷甲又连忙否认说：“我们村里没有池塘。”

村主任又问道：“我们村是在你们村的东面吧？我就是顺着牛蹄子印从东边找来的。”

没想到，另一个小偷不假思索地慌忙抢答道：“我们这里没有东，而且都是说左右前后，根本不知道你说的“东”是什么意思？”

村主任听后冷冷一笑说：“即使你们村不养牛，也可以没有池塘，但哪有天底下没有东边的道理？连小孩子都知道太阳是从东边出来。你们光天化日之下却不知东在哪里！满口胡言，没一句可信的！你们偷了牛还想狡辩？”

两个小偷只得回答说：“牛确实是被我们卖了。”

**3. 以子之矛攻子之盾**

在博弈中，如果你感到对方的行为不当，但是又无法说服或者无力制止对方的行为时，不妨把他们的行为与他们自身的利益联系起来考虑，让他们陷入自相矛盾之中。

### 4. 让对方处于两难选择中

当自己处于劣势，不利于直接正面迎战时，不妨运用自己的智慧，开动大脑，审时度势，见机行事。如果对方同意自己的观点，显然与他们的实际情况不符；可是如果不同意，无异于否定了自己的话，此时，会把对方处于囚徒困境中。

## 避免依赖会要挟你的人

在博弈中，虽然合作是必要的，但是，合作不是处处依赖对方，如果自己没有独立意识和独立作战的能力，试图依赖对方，那么你的利益肯定会受到损失。

在楚汉相争中，韩信与刘邦无疑是同一战壕的战友。而且，韩信的军事天才，在汉军中是屈指可数的，在被任命为大将后，更成为刘邦的主要依靠。可是，每逢危急之时，韩信就把要价抬高，甚至要求与刘邦分庭抗礼。因为在他看来，自己是刘邦值得依赖的人，刘邦打天下离不开他，因此，韩信对刘邦的危险步步升级。刘邦的利益也在一步步遭受着损失。

汉四年，经过韩信的征战，齐地终于稳定下来。韩信对自己的出手着实有几分得意，而刘邦在荥阳让韩信分兵支援。韩信虽然内心颇有不爽，但也不好拒绝，因此以齐地刚刚收复，齐人“伪诈多变”，反复要求刘邦封他做假齐王，代理刘邦行使管理齐地的职能。如果答应韩信，刘邦的利益当然会受到损失。于是，刘邦破口大骂。

当时，亏得张良、陈平为大局考虑，在桌子底下猛踩刘邦的脚不让他出言不逊，刘邦猛然醒悟，借口说：“男儿汉，要封王就封个真王。”刘邦就这样含糊同意了，激起了韩信的壮志，骗来了韩信的救兵。

如果不是张良、陈平提醒，以刘邦的脾气，他的利益肯定受到损失。

当你与会利用你的人合作时，要挟的问题就出现了。而且，当你对某个人或新组织的依赖性越强，对方对你要挟的筹码也就越大。因此，在博弈中要想公平合理地为自己争取到最大利益，使自己的利益不受损失，就要避免依赖那些会利用你的人，哪怕是与你合作的一方。

要摆脱对方的要挟可以从以下几个方面入手：

### 1. 与对方签订长期合作协议

在美国的汽车配件生产商中，费雪车身厂在1920年曾应通用汽车之邀请，为该公司生产封闭式的金属车身。

通用的用量当然不可小看，可是对于费雪车身厂来说，必须投入巨大的专用资金才能达到通用的要求。可是，一旦通用中途变卦不再需要此种车身，那么，费雪就要承担很多损失。因为这种车身就是为通用量身订制的。

因此，为了保护自己的利益，既和通用合作又不至于被通用利用要挟，费雪要求通用汽车签订长期合同，并且规定通用汽车只能从费雪车身厂购买封闭式金属车身。这样，费雪车身厂的利益得到了保护。既依赖于通用，又没有受到它的要挟。

当然，这项协议签订后，通用配上费雪车身厂生产的封闭式金属车身，销售看好。于是，许多厂家也跟进费雪车身厂生产封闭式车身，企图打开通用的大门。可是，由于费雪车身厂在协议中规定通用汽车只能从自己这里采购，因此，既避免了通用的背叛也削弱了竞争对手的利益。

### 2. 削弱权力

对要挟问题的解决办法还可以是通过逐步削弱对方的权利来达到目的。当然做这些不能直截了当去做，而要讲究艺术和方法。

面对韩信的威胁，刘邦决定从韩信手中夺回主动权，摆脱自己过分依赖韩信的局面。因此，刘邦采取了以下措施：

第一次是在公元前205年，韩信大破魏王，平定魏、代等地后，刘邦派人收其精兵，只让韩信几万人去和赵国几十万大军战斗。即便是这几万人的将领也都是刘邦比较忠心的部下。这些人在韩信军中的作用，绝不仅仅是攻城略地，还承担着保证刘邦对军队控制权的任务。可见，刘邦对韩信是怎样的防范。

第二次是在公元前 204 年，韩信破赵降燕、平定北方。刘邦突然还军至定陶，冒充使者驰入韩信的军营中，直接进入他的卧室，取走了他的兵符和令箭，到其卧室收其兵符印信，韩信竟然还在睡梦中。

第三次是公元前 202 年，项羽在垓下被消灭后，刘邦改封韩信为楚卫，此后又降为淮阴侯。

这三次夺兵权的行动，背后就是刘邦的最小化要挟问题的博弈策略。因为从一开始任命韩信为大将时，刘邦已经预见到了将来可能会受到对方要挟的局面。

有时我们也面临着和多方势力博弈的情况，而每一方都和自己的利益相关。此时，怎样摆脱他人的要挟呢？

如果自己并不是主要竞争人，要想从任何一方获取收益，那么，最好的策略就是不明确依靠哪一方。这样不管哪方败退，自己都不会受到太大的伤害。而如果另一方获利，自己也可以从中获得收益。

一个有理智的博弈人，要想保护自己，不被别有用心的人要挟，在进行每一项博弈前都必须首先明确自己的目标。尤其是在与多方博弈中，你不能肯定哪一方会获得胜利时，就没必要对一方过于忠诚，以免自己全力支持的一方一旦失败，自己也跟着受到损害。相反，要设法套牢那些能要挟你的人，并且想方设法削弱他们的权利，使他们的计谋无法得逞。

## 多家选择

在博弈中，要挟似乎不可避免。

因此，要想摆脱他人的要挟，可以多家选择合作伙伴，不把自己吊在一棵树上。

生活中，有些人追求爱情时就是非他不嫁，甚至失恋后为此寻死觅活，就是因为脑筋太死，非要在一棵树上吊死，因此才成了被感情要挟的人。

爱情如果是棵树，承载生的活内容未必牢固，有些情感只能是一种守望，谁又能断定在这棵树上顺利成长呢，一旦发现树要枯萎，必须马上重新找棵树，这样生活才会焕然一新。

其实“不能吊死在一棵树上”是理性的，只有经过选择比较才知道谁适合你，俗话说得好，“货比三家”嘛。

学过经济的人都知道“最优选择”和“次优选择”，“不要在一棵树上吊死”，在商战博弈中，“在一棵树上吊死”也是兵家大忌。对于商家选择供应商来说，原料采购不仅是一件大事，更是一门大学问。选择好的供应商，将会使采购工作顺利进行，反之，则会造成企业成本增高，甚至造成巨大损失。如果货源被一家供应商控制住，反而会受制于人。因此，多一些选择会使自己左右逢源、进退自如。

小伟经营一家陕北风味的小吃店。虽然并非什么高级餐厅，但是，小伟因为是独家生意，特别是油泼辣子面，很受附近的西北打工族欢迎。但最近几个月，他发现来店就餐的顾客越来越少，通过了解情况后他才得知，原来顾客感觉他的饭菜原料比不上原来味道了。小伟明白了，问题出在供应商身上。

原来小伟一直都从附近的小供应商处进货。后来，附近的同行也从该供应商处进货，特别是一些比小伟实力雄厚的客户加入后，供应商看到小伟用量小，送货繁杂，因此在原材料上做了手脚。这样就造成了在小伟的餐厅，越是客人急需的新的食物原料，越是拿不到。因为新的食物原材料价格高，进货数量少，供应商首先方便了大饭店。因此，小伟的餐厅业绩下滑，失去了竞争力。

得知事情的原因后，小伟下定主意更换新的供应商。后来，他选定了一家距离不是很远，又能够送货的供应商。这家原料供应商不仅经手的产品种类丰富，而且，只要有新的产品出现就立刻送样品来，甚至连所知道的相关烹调法也一起告知小伟。在新的供应商的帮助下，小伟的餐厅重新吸引了很多客人。

当然，多家选择并非多多益善，而是要选择和自己情投意合、志同道合的，能理解自己的奋斗目标和奋斗方向的，这样的合作伙伴才能给予你得力的支持。

当年李彦宏在为创建中文搜索引擎融资时，整天开车在旧金山路走街串户，寻找合适的投资人。当时，有好几家风险投资公司追着投钱，也有人对李彦宏说："多给你钱，你能不能做得更快些？"对一般人来说，只要能拿到投资，对于投资人的要求，往往想都不想就会答应，何况是追加投资。但李彦宏拒绝了对方的提议，表示自己必须要进行认真的思考。

李彦宏的融资前提首先是要求投资者对搜索引擎的前景持乐观态度。因为在中国内地，项目得不到投资方的持续支持而垮掉的并不少。有些投资方急功近利，认为今天买了母鸡，明天它就能下蛋，而且下的蛋越多越快越好，好提前收回成本，大赚一笔。可是，项目的进展并非都能满足投资方的满意。因此，李彦宏吸取教训，千挑万选之后，最终和 Peninsula Capital（半岛基金）和 Integrity Partners（信诚合伙公司）两家投资商达成了协议。这两家风险投资商看中李彦宏不说大话，不是为了多融资而胡乱吹捧项目。正因为双方情投意合，百度很快运作起来，并且得到了后续资金的支持。

所以，不论是在生意合作中还是在与人交际时，都要多家选择，最后确定适合自己的合作伙伴。多家选择并非就是不忠诚。忠诚都是适度的，在任何领域，与任何人合作的过程中，忠诚必须在自己利益不受损失的前提下进行。

多家选择的目的在于，一旦其中的某一方想控制你时你可以随时另选高枝，这样，就会避免受制于人。

## 以一挟百

在博弈中，一般人认为弱者总是处于被要挟的地位，而强者总有力量来要挟他人。其实，双方实力的对比也是在不断变化中。有时候，弱者也可以利用自己掌握的信息或优势，以此来要挟对方，逼对方就范。

提到以一挟百，人们往往会想到电影中的匪徒捉住人质要挟一群警察的情景。匪徒与警察对抗当然是不自量力，但是在博弈中，当你面对众多的竞争对手时，可以考虑采取这种方式来保护自己的利益。

我们知道，石油在国民经济中占有重要地位，对经济发展和国家安全作用举足轻重。石油是不可再生能源资源将越用越少，虽然缺油国四面出击寻资源，但是产油国挟石油以令诸侯，供应有限，结果使得油价一涨再涨。之所以能产生这样以小搏大的局面，就是因为他们掌握的石油是其他国家所没有的，也是不可替代的。

在公司里，有些员工在加薪时常常会这样要挟老板："如果不给我加薪，那我就离职。"这也是一种要挟。

在博弈中，要想成功地要挟对方，还需要拿出能够对对方造成影响的行动来，哪怕这些手段让别人看来有些过火，甚至不可思议。不能光说不练。

请看一位女记者是以何等绝妙的手段，要挟一位总统和他的下属的。

美国第六届总统亚当斯当政期间，有一个时期，美国公众对合众国银行怨声载道，记者当然想通过采访总统给公众一个说法。但是，在亚当斯之前，总统们都有个惯例：概不接见记者。当然，亚当斯也不能打破。可是，有位女记者却勇敢来挑战了。

记者是"无冕之王"，但要打破总统的惯例可以说比登天还难。一连几个月，女记者都吃闭门羹。不久，经过女记者调查，发现了亚当斯每天早晨5点钟都会准时到某条河里游泳，于是，一天，女记者早早潜入哪条河边的树丛中，当总统正在河中畅游时，她跑到树下拿走了总统的衣服。当总统和随从下属发现后，十分难堪，不得不游到岸边，一个劲儿请求女记者快快离开。

可是，女记者坐在衣服上对水中的总统说："阁下如不能接受采访，本人将耐心地等候在这里，让'公众检阅'一下总统先生此刻的尊容。"亚当斯无奈，只好答应上岸穿好衣服后接受采访。

为了防止变化，女记者断然拒绝总统的要求，亚当斯无计可施，只好站在水中无条件地回答了女记者的提问。他的随从们也在水中呆立着一直陪伴着他。

这位女记者之所以能达到要挟总统的目的，让随从都无计可施，就是利用了一种特殊场合，特殊手段，迫使总统和随从都乖乖就范。

可见，在博弈中，要想达到以一挟百的目的需要智慧，需要创新，需要独具一格。越是反常思维往往越能被常人忽略，达到出其不意的目的。要挟的一条要义就是：对手怕什么就跟他来什么。

当然，要挟也要注意合法性，如果要挟不合法，不用说以一挟百，即便以一挟十也达不到目的。比如，社会上常有人拿名人的隐私曝光，以此来要挟名人，这是触犯法律的。自己反而会深受其害。

有一对年轻的夫妻，看到雇主钱日进千金，就觉得自己每月四五千元的收入有些亏，于是向雇主申请提高工资，雇主答应了申请并提高了他们的工资。但他们还是觉得雇主给得太少，于是屡屡要求。终于，雇主不高兴了，把他们扫地出门。

小两口儿被扫地出门后，一无文化，二无一技之长，谋生困难。可是，他们把这一切迁怒于雇主，认为是雇主一家害了他们。于是决定实施报复，他们把雇主家一个九岁的小男孩诱骗出来，然后用人质来要挟雇主，打电话索要 50 万元。

当然，小两口的阴谋没有得逞。雇主一家筹集款项，并报警设下天罗地网。最后，小两口不但一无钱也没得到，而且还被判了十几年的刑。

这种要挟就触犯了法律，不是理性的博弈人应该选择的方式。

当然，最巧妙的要挟就是让对方不知不觉中进入你的计划中。

### 1. 请君入瓮

20 世纪 70 年代，法国一家化工厂研究出一种新洗涤剂。当时，参加过那家法国化工厂新洗涤剂研究工作的化学家只有 8 名，其他人一概不知这种洗涤剂的配方。

一个美国人得知法国工厂研究出新型洗涤剂后来到巴黎，一天，巴黎的几家报纸登出了一则醒目的招聘广告：××× 公司在欧洲建立分公司，欲招聘 8 名高级化工专家，报酬优厚，应聘从速。

结果，参加过法国化工厂新洗涤剂研究工作的8名化学家都来招聘，当然，势均力敌。他们也都想充分表现自己的才能。在单独面试中，这 8 名化工专家为了显示自己的才能，博得面试官的赏识，都把自己所掌握的某一部分的技术情报如实汇报。面试官也频频点头，对他们的才华予以肯定。

结果，面试过后，8 名应聘者中的每一名都自我感觉良好，天天盼望聘书的到来。可是，他们哪里知道，自己中了面试官的请君入瓮之计。这位美国人将这 8 位化学家提供的内容集中分析，得出新洗涤剂的配方和整个生产流程后回国了。结果，8 名化学专家的心血就这样轻而易举地被窃走了。

### 2. 罚——以儆效尤

有时在资源有限而且存在利益冲突的博弈中，要想使自己的一个威胁对多人有效，用奖励的方法是不现实的。那么，怎么办？用罚的办法也可以起到以一挟百的作用。关键是你的位置在众人之上。

春秋末期，鲁国国都北边的一片森林着火，正巧天刮北风，火势蔓延，快要危及国都。鲁哀公不但发布救火命令，并且身先士卒冲入火阵。可是，他旁边的几名随从并没有跟随他。因为大火蔓延，逃出来不少急于逃生的野兽，随从们开始打野兽。鲁哀公很生气，急忙把孔子招来问计。

孔子说：“那些打野兽的人不受处罚，而救火的人又没有奖赏，这可能就是其中的原因吧。”

鲁哀公听后急忙回答：“说得好，应该赏罚分明。”

可是，孔子急忙制止说：“现在是危急时刻，来不及去奖赏救火的人。再说，如果救火的人都受奖赏，国家花费太大。其实，您只要罚就能起到作用。”

鲁哀公一听，这个主意妙，谁敢反抗君主的命令呢？于是，威严地颁布了一道命令：“不救火者，与战争中投降叛逃者同罪；追赶野兽的，与擅入禁地的同罪。”此令一出，火很快就被扑灭了。

在为人处世的博弈中，不论你是强势还是弱势，当你一人单枪匹马与一群对手进行博弈时，确实需要考虑一下怎样运用以一挟百的博弈策略。如果你运用得当，就可以让众对手顺从你的要求。

第十章

# 鹰鸽博弈：事物的进化源自路径依赖

鹰搏斗起来总是凶悍霸道，而鸽风度高雅。如果鹰同鸽搏斗，鸽就会迅即逃跑，鸽不会受伤；如果是鹰跟鹰搏斗，就会有一只受重伤或者死亡才罢休；如果是鸽同鸽相遇，那谁也不会受伤。鹰鸽是两个不同群体的博弈，一个和平，一个侵略。在只有鸽子的苞谷场里，突然加入的鹰将大大获益，并吸引同伴加入。但结果不是鹰将鸽逐出苞谷场，而是一定比例共存，因为鹰群增加一只鹰的边际收益趋零时（鹰群发生内斗），均衡将到来。由此产生进化稳定策略，也就是说一旦均衡形成，鹰群饱满后，试图加入的鹰将会被鹰群排挤。

## 一张凸出的高纸板

在一间大约100平方米的办公室里，十几位员工每天按部就班地工作着。但是平静的日子被其中一个人打破，他做出了一件让同事们看来是离经叛道的事情：在整齐划一的办公桌之间的木隔板上，他自作主张地增加了一块纸板，比左邻右舍高出了大约20厘米。尽管他选择了一个夜晚来实施这一行动，并请油漆匠将纸板漆成了和隔板一致的颜色，以防过于显眼，但第二天同事们上班时，还是发现了它的存在。

同事们一致抗议，理由是在这间巨大的办公室里，这块20厘米高的纸板打破了整个办公室的协调与统一。每个人的利益似乎都受到了程度不同的损害，在感情上也受到了程度不同的伤害。他们认为，这20厘米高的纸板所体现出来的独特性和个性，或者说与众不同的东西，是对周围环境的蓄意的不协调和对整体的破坏，更是一种骨子里的自私和对于秩序的蔑视和背叛。而同办公室的一位同事则差一点勃然大怒，竟然要越过“边界”，强行将纸板拆除。尽管那块纸板离他的座位很远，一点也没有妨碍他。

单位里一位新提拔的干部，来此办公室，立刻发现了这一变异。尽管他并不在这间办公室里工作，这点变化，也不在他的管辖范围之内。

不过，他马上对这个人的举措表示了不满和担忧，他规劝说："年轻人，不要标新立异，更不要别出心裁，这样是要吃大亏的！"

在以后的日子里，其他人来到办公室，看到后都不免要议论几句。时间一天天过去，那块起初被视作眼中钉的纸板，渐渐地在同事们眼中习以为常。后来，这个人在众人面前主动将它拆掉时，没有谁大惊小怪。因为所有人差不多都已经忘记了那块纸板，尽管当初曾那样激烈地反对过它。

一块 20 厘米高的纸板所产生的美学破坏力，应该说是微乎其微的。但是这块纸板却像是一个试验品，反射出社会的群体怎样被个体冒犯以及对这种冒犯要付出怎样的代价。

从这个故事当中，我们看到了博弈论中所说的策略影子。所谓策略，即进化上的稳定策略，是指凡是种群的大部分成员采用某种策略，而且这种策略的好处为其他策略所比不上的，这种策略就是进化上的稳定策略或策略。换句话讲，对于个体来说，最好的策略取决于种群的大多数成员在做什么。由于种群的其余部分也是由个体组成，而他们都力图最大限度地扩大其各自的成就，因而能够持续存在的必将是这样一种策略：一旦形成，任何举止异常的个体的策略都不可能与之比拟。

在环境的一次大变动之后，种群内可能出现一个短暂的进化上的不稳定阶段，甚至可能出现渡动。但是一种策略一旦确立下来，偏离策略的行为将要受到自然选择的惩罚。

在策略中，往往存在着一种可以称为惯例的共同知识：因为大家都这样做，我也应当这样做，甚至有时不得不这样做。加之，在大家都这样做的前提下我也这样做可能最省事、最方便且风险最小。这样，策略就成了社会运行的一种纽带、一种保障机制、一种润滑剂，从而也就构成了社会正常运转的基础。

美国经济学家奈特和莫廉对此有过明确论述："一个人只有当所有其他人的行动是'可预计的'并且他的预计是正确的时候，才能在任何规模的群体中选择和计划。显然，这意味着他人不是理性地而是机械地根据一种已确立的已知模式来选择没有这样一些协调过程，一个人的任何实际行动，以及任何对过去惯行的偏离，都会使那些从他过去的一种行为预计他会如此行动的其他人的预期落空。并打乱其计划。"

## 从编栅栏到路径依赖

春秋时，齐桓公在管仲的陪同下来到马棚视察。他一见养马人就关心地询问："马棚里的大小诸事，你觉得哪一件事最难？"养马人一时难以回答。这时，在一旁的管仲代他回答道："从前我也当过马夫，依我之见，编排用于拦马的栅栏这件事最难。"齐桓公奇怪地问道："为什么呢？"管仲说道："因为在编栅栏时所用的木料往往曲直混，你若想让所选的木料用起来顺手，使编排的栅栏整齐美观，结实耐用，开始的选料就显得极其重要。如果你在下第一根桩时用了弯曲的木料，往后你就得顺势将弯曲的木料用到底。笔直的木料就难以启用。反之，如果一开始就选用笔直的木料，继之必然是直木接直木，曲木也就用不上了。"

管仲虽然说的是编排栅栏建马棚的事，但其用意是讲述治理国家和用人的道理：如果从一开始就做出了错误的选择，那么，后来就只能是将错就错，而且很难纠正过来。

管仲的确不愧是一位伟大的政治家，他在寥寥数语之中，揭示了所谓社会策略的形成，也就是被后人称为路径依赖的社会规律：人们一旦做了某种进择，这种选择会自我加强，有一个内在的东西在强化它，一直强化到它被认为是最有效率最完美的一种选择。这就好比走上了一条不归之路，人们不能轻易偏离。

科学家曾经进行过这样一个试验，来证明这一规律。他们将四只猴子关在一个密闭房间里，每天喂食很少食物，让猴子饿得吱吱叫。然后，实验者在房间上面的小洞放下一串香蕉，一只饿得头昏眼花的大猴子一个箭步冲向前，可是当它还没拿到香蕉时，就触动了预设机关被泼出的滚烫热水烫得全身是伤。后面三只猴子依次爬上去也想拿香蕉时，一样被热水烫伤。于是众猴只好望蕉兴叹。

几天后，实验者用一只新猴子换走一只老猴子，当新猴子肚子饿得也想尝试爬上去吃香蕉时，立刻被其他三只老猴子制止。过了一段时间实验者再换一只新猴子进入，当这只新猴子想吃香蕉时。有趣的事情发生了，不仅剩下的两只老猴子制止它，连没有烫过的半新猴子也极力阻止它。

实验继续，当所有猴子都已被换过之后，没有一只猴子曾经被烫过，上头的热水机关也被取消了，香蕉唾手可得，却没有猴子敢去享用。

为什么会出现这种情况呢？在回答这个问题之前，我们先来看一个似乎与此无关的问题。大家知道现代铁路两条铁轨之间的标准距离是四英尺八点五英寸（1435 毫米），但这个标准是从何而来的呢？

早期的铁路是由建电车的人所设计的，而四英尺又八点五英寸正是电车所用的轮距标准。那电车的轮距标准又是从何而来的呢？这是因为最先造电车的人以前是造马车的，所以电车的标准是沿用马车的轮距标准。马车又为什么要用这个轮距标准呢？这是因为英国马路辙迹的宽度是四英尺又八点五英寸，所以如果马车用其他轮距，它的轮子很快会在英国的老路上撞坏。原来，整个欧洲，包括英国的长途老路都是由罗马人为其军队所铺设的，而四英尺又八点五英寸正是罗马战车的宽度。罗马人以四英尺又八点五英寸为战车的轮距宽度的原因很简单，这是牵引一辆战车的两匹马屁股的宽度。

两匹马屁股的宽度决定现代铁轨的宽度，这个看似天方夜谭的事情，但是在经过一系列的演进，最终还是发生了，这就十分形象地反映了路径依赖的形成与发展过程。

“路径依赖”这个名词，是美国斯坦福大学教授保罗·戴维在《技术选择、创新和经济增长》一书中首次提出的。20世纪80年代，戴维与亚瑟·布莱思教授将路径依赖思想系统化，很快使之成为研究制度变迁的一个重要分析方法。他指出，在制度变迁中，由于存在自我强化的机制，这种机制使得制度变迁一旦走上某一路径，它的既定方向会在以后的发展中得到强化。即在制度选择过程中，初始选择对制度变迁的轨迹具有相当强的影响力和制约力。人们一旦确定了一种选择，就会对这种选择产生依赖性；这种初始选择本身也就具有发展的惯性，具有自我积累放大效应，从而不断强化自己。

这也可以解释前文的猴子实验。由于取食香蕉的惩罚印象深刻，因此虽然时过境迁、环境改变，后来的猴子仍然无条件服从对惩罚的解释与规则，从而使整体进入路径依赖状态。

路径依赖理论被总结出来之后，人们把它广泛应用在各个方面。在现实生活中，由于存在着报酬递增和自我强化的机制，这种机制使人们一旦选择走上某一路径，要么是进入良性循环的轨道加速优化，要么是顺着原来错误路径往下滑，甚至被“锁定”在某种无效率的状态下而导致停滞，而想要完全摆脱则变得十分困难。

## 胜出的未必就是好的

在很多情况下，一个方案会比另一个方案好得多。但即便如此，并不表示更好的方案一定会被采纳。如果一个方案已经制定了很长时间，即使环境发生了变化，即使出现了更可取的方案，这时要想改革也很不容易。

要理解这一点，一个著名的例子是电脑键盘的设计。

键盘是电脑配件中一个非常不起眼的部件，但却是必不可少的输入设备，近 140 年前的 1868 年，键盘出现在斯托弗·拉思兰·肖尔斯所发明的机械打字机上，当时的键盘是由 26 个英文字母顺序排列的按钮所组成。因为打字机的设计是通过人在打字时按下的键引动字棒打印在纸上，当人们熟习应用，打字速度加快，机动字捧追不上人手打字速度，经常交叠在一起，出现卡键现象，甚至由于互相拍打而损坏键盘。

直到 19 世纪后期。对于打字机键盘的字母排列仍然没有一个标准模式。1873 年，克里斯托弗·肖尔斯把键盘拆下来，将较常用的键设计在较外边，较不常用的放在中间，从而形成目前众所周知的 Q、W、E、R、T、Y 键排列在键盘左上方的方案。这种排法因其左上方第一行的头六个字母而被称为“QWERTY”排法。

选择这一排法的目的是使最常用的字母之间的距离最大化。这在当时确实是一个解决方案：有意降低打字员的速度，从而减少各个字键出现卡位的现象。但是销售商对这种排列产生疑问，于是肖尔斯撒谎说：这是经过科学计算后得到的一个“新的，改进了的”排列结果，可以提高打字速度。这完全是撒谎，凡是用熟练了，怎么排列打字速度都会快。可是当时人们就信以为真，并且把用其他方法排列的打字机挤出了市场。

QWERTY 的设计安排并不完美，因为设计者错误地把问题定位为人们打字太快。但是，“快”其实不是一个问题，人们使用打字机，时间一久便会熟能生巧，愈打愈快，这是无可避免的。而且打字机是为了方便人们，以短时间完成文章的，所以快也是应该的。因此，设计者应把问题定位于字棒太慢才对。然而，随着 1904 年纽约雷明顿缝纫机公司已经大规模生产使用这一排法的打字机，渐渐的这种排法实际上也成为产业标准。

随着科技的发展，后来的电子打字机已经不存在字键卡位的问题。工程师们也发明了一些新的键盘排法，比如 DSK（德沃夏克简化键盘），能使打字员的手指移动距离缩短 50% 以上。同样一份材料，用 DSK 输入要比用 QWERTY 输入节省 5%~10% 的时间。但 QWERTY 作为一种存在已久的排法，被人类广泛利用到电子词典、电脑等地方，成为键盘的标准设计。不仅几乎所有键盘都用这种排法，人们学习的也多是这种排法，因此不大愿意再去学习接受一种新的排法。于是，打字机和键盘生产商继续沿用 QWERTY 标准。

QWERTY 不过是历史问题怎样影响今日选择的一个证明。在某一历史阶段曾经必须考虑的理由，到了今天可能已经无关紧要。今天，在选择相互竞争的技术时，类似打字机键卡位这样的问题与最终选择的得失已经毫无关系。

通过博弈论的分析我们发现，出现相对较差的标准，与其说是技术上的问题，不如说是行为上的问题。

假如要改变一个相对比较差的标准，公众政策可以引导大家协调一致地转向。在键盘的例子里，如果多数电脑生产商一致选择一种新的键盘排法；或者一个主要雇主（比如政府）愿意培训其职员学习一种新的键盘，就能将这个均衡完全扭转，从一个标准转向另一个标准。将度量衡的英寸和英尺转为公制就是一个例子；为了充分利用日光而协调一致转用夏令时也是一个例子。

不过要使这种策略行动发生作用，没有必要改变每一个人。只要改变临界数日的一部分人就可以了。因为只要取得一个立足点，“随大流效应”就能达成一个可以自动维持下去的均衡，而更胜一筹的技术就能站稳脚跟，逐步扩张自己的地盘。

## 政令严密周详不如严格执行

春秋时期，楚庄王起用了一位了不起的政治家孙叔敖。庄王拜他为令尹。孙叔敖治国的最大特点是施教导民，唯实而不唯上。即在想办一件利国利民的好事时，不靠脱离实际的行政命令，而是依靠高超的政治智慧。

随着楚国实力的增强。与中原各强国的冲突也日益增多。对于作战用的战车的需求相应的增加。但是楚国民俗习坐矮车，民间的牛车底座较低，不适于在战时用作马车。楚庄王准备下令全国提高车的底座。孙叔敖说：“下令太多，民不知所从，这不好。如果您想把车底座改高，我请求让各个地方的城镇把街巷两头的门限升高。乘车的人都是有身份的人，他们不能为过门槛频繁下车，自然就会把车的底座造高了。”

庄王听从了他的建议，没有发布政令，而是由官府机构统一放弃底座低的矮车，而改造高车乘用，同时将大小城镇的街巷两头设一较高的门限，只有高车才能通过，矮车就会被卡在那里，靠人推才能通行。这样过了不到三个月，全国的牛车底座都升高了。对这件事，司马迁评价说：“此不教而民从其化，近者视而效之，远者四面望而法之。”

实际上，孙叔敖的这一做法，包含着很深刻的博弈论智慧在其中。要理解这种智慧，我们需要考察一个现实生活中的博弈——超速博弈。在这个博弈里，犹如一个司机的选择会与其他所有司机发生互动一样。

假如所有的人都在超速行驶，那么你有两个理由超速。首先，驾驶的时候与道路上车流的速度保持一致更安全。在大多数高速公路上，谁如果开车只开到每小时 55 公里，就会成为一个危险的障碍物，人人都必须避开他。其次，假如你跟着其他超速车辆前进，那么被抓住的机会几乎为零。总体而言你就是安全的。

假如越来越多的司机遵守限速规定，上述两个理由就不复存在。这时，超速驾驶变得越来越危险，因为超速司机需要不断在车流当中穿过来又插过去，而被逮住的可能性也会急剧上升。

在超速行驶的案例中，变化趋势变成朝向其中一个极端。因为跟随你的选择的人越多，这个选择的好处就越多。一个人的选择会影响其他人。假如有一个司机超速驾驶。他就能稍稍提高其他人超速驾驶的安全性。假如没有人超速驾驶，那就谁也不想第一个超速驾驶，为其他人带来“好处”，因为那样做不会得到任何“补偿”。反之，假如人人超速驾驶，谁也不想成为唯一落后的人。

遵守限速，关键在于争取一个临界数目的司机。这么一来，只要有一个短期的极其严格且惩罚严厉的强制执行过程，就能扭转足够数目的司机的驾驶方式，从而产生推动人人守法的力量。均衡将从一个极端（人人超速）转向另一个极端（人人守法）。在新的均衡之下，可以缩减执法人手，而守法行为也能自觉地保持下去。

看到这里，我们已经能够理解孙叔敖在抬高城门槛的行动中所运用的智慧了。在他的方法中，提高门槛的高度，相当于对底座较低的矮车进行的一种惩罚，而为高车提供的一种便利。最开始的时候，使用矮车的“君子们”受到种种限制，产生种种不便，无法顺利通过街巷的门限。而与此同时，官府所使用的高车又给了他们一个示范的效应。为了得到这种通行便利，改造自己的车辆底座也就理所当然地成为一种优势策略。

孙叔敖的做法对我们的启示在于，一个短暂而立竿见影的执法过程，其效率不仅远远胜过无法触动现行习惯的任何行政命令，而且大大高于一个投入同样力量进行的一个长期而温和的执法过程。

任何法规政令，无论它的规定多么严密周详，如果无法严格执行，那么它的存在价值不仅会大打折扣，而且还会产生一种容易被人忽视的负面作用，那就是阻碍更新也更有效的法规的出现。

## 成功是成功之母

斯坦福大学经济学家布赖恩·阿瑟是将数学工具加以发展运用于研究路径依赖效应的先驱者之一。他这样描述我们选中汽油驱动汽车的缘由。

在 1890 年，有三种方法给汽车提供动力：蒸汽、汽油和电力，其中有一种显然比另外两种都更差，这就是汽油。但是历史性的转折点出现了，1895 年，芝加哥《时代先驱报》主办了一场不用马匹的客车比赛。这次比赛的获胜者是一辆汽油驱动的杜耶尔，它是全部 6 辆参赛车辆当中仅有的 2 辆完成比赛的车辆之一。据说是它很可能激发了奥兹的灵感，使他在 1896 年申请了一种汽油动力来源的专利，后来又把这项专利用于大规模生产“曲线快车奥兹”。汽油车因此后来居上。

蒸汽作为一种汽车动力来源一直用到1914年。当时在北美地区爆发了口蹄疫，导致马匹饮水槽退出历史舞台，而饮水槽恰恰是蒸汽汽车加水的地方。

斯坦利兄弟花了三年时间发明了一种冷凝器和锅炉系统，从而使蒸汽汽车不必每走三四十英里就得加一次水。可惜那时已经太晚了。蒸汽引擎再也没能重振雄风。

毫无疑问，今天的汽油技术远远胜过蒸汽。不过，这个比较并不公平。假如蒸汽技术没有被废弃，而是得到了以后75年的研究和开发，现在会变成什么样呢，虽然我们已经永远不会知道答案，但一些工程师相信蒸汽获胜的机会还是比较大的。

人们之所以选择汽油引擎而非蒸汽引擎，选择轻水核反应堆而非气冷核反应堆，原因与其说是前者更胜一筹，倒不如说是历史上的偶然事故。

研究路径依赖，对于我们个人的一个重要启迪在于，早日发现自己的潜力并发挥出来，可以为明天取得成功获得更多的优势。这是因为，一旦我们取得了足够大的先行优势，其他人哪怕更胜一筹，恐怕也难以赶上。

1973年，美国科学史研究者默顿用这几句话来概括一种社会心理现象：“对已经有相当声誉的科学家做出的科学贡献给予的荣誉越来越多，而对那些未出名的科学家则不承认他们的成绩。”他将这种社会心理现象命名为“马太效应”。

马太效应是一种让人心理不太平衡的社会现象：名人与无名者干出同样的成绩，前者往往得到上级表扬，记者采访，求教者和访问者接踵而至，各种桂冠也纷至沓来；而后者则无人问津，甚至还会遭受非难。实际上，这也反映了当今社会中存在的一个普遍现象，即赢家通吃：富人享有更多资源——金钱、荣誉以及地位，穷人却变得一无所有。日常生活中的例子也比比皆是：朋友多的人，会借助频繁的交往结交更多的朋友，而缺少朋友的人则往往一直孤独；名声在外的人会有更多抛头露面的机会，因此更加出名；一个人受的教育越高，就越可能在高学历的环境里得到发展。

马太效应，似乎可以看作是在路径依赖的作用机制下形成的一种现象。它的启示在于：成功是成功之母。人们喜欢说失败是成功之母，这句话听起来有一定道理。但如果一个人屡屡失败，从未品尝过成功的甜头，还会有必胜的信心吗？还相信失败是成功之母吗？

一本名为《超越性思维》的书曾经提出过“优势富集效应”概念：起点上的微小优势经过关键过程的级效放大会产生更大级别的优势累积。起点对于整件事物的发展，往往超过了终点的意义。这就像在100米赛跑的时候，当发令枪响起的时候，如果你比别人的反应快几毫秒，那么你就可能夺得冠军。

事实上，马太效应使成功有倍增效应，你越成功，就会越自信，越自信，就会使你越容易成功。成功像无影灯一样，不会给人心灵上投下阴影，反而会满足自我实现的需要，产生良好的情绪体验，成为不断进取的加油站。

# 第十一章

# 重复博弈，制约对手的硬招

在任何博弈中，如果能预先获知对方的策略，我们就能适时调整策略以保证自身利益的最大化。如果你认准双方是“一次性博弈”，那么你不妨给对方一个重复博弈的预期，同时再选择适度背叛，则能够博取到自身最大的利益。如果你和对方还有很多次碰面或者长期合作的可能，那么你最好采用重复博弈的方式，也为对方想一想。

## 小孩为什么选择 1 元硬币

一个小孩每天在固定的街角乞讨。有个路人偶然出于好玩，拿出一张 10 元纸钞和一枚 1 元的硬币，让这个小孩选择。出人意料的是，小孩只要 1 元硬币，不拿 10 元纸钞。

这个有趣的现象传开了，并逐渐引起越来越多的人的兴趣。各式各样的人，怀着或同情、或取乐、或验证、或猎奇的心态，纷纷掏出 1 元的硬币与 10 元的纸钞让小孩选择。这个看上去并不愚笨的小孩从来没有让大家失望：不拿 10 元，只要 1 元。据说还有人拿出过 1 元和 100 元的供小孩选择，但小孩显然还是对 1 元的硬币更加钟情。

一次，一个好心的老奶奶忍不住抱住这个可怜的小孩，轻声低问：“你难道不知道 10 元比 1 元要多得多吗？”小女孩轻声地回答：“奶奶，我可不能因为一张 10 元的纸钞，而丢失掉无数枚 1 元的硬币。”

表面上看，是小孩主动选择了 1 元，但细究起来，其实是小孩“被选择”了。因为这个小孩是长期乞讨，不是做一锤子买卖。在经济学里，这叫“重复博弈”。顾名思义，是指同样结构的博弈重复许多次。当博弈只进行一次时，每个参与人都只关心一次性的支付；如果博弈是重复多次的，参与人可能会为了长远利益而牺牲眼前的利益，从而选择不同的均衡策略。因此，小孩为了能细水长流，只能选择小的利益。对这个结果，经济学的表达是：重复博弈的次数会影响到博弈均衡的结果。

举一个生活中常见的例子：大凡火车站、汽车站附近的饭店的饭菜又难吃又贵。这不只是一个车站的问题，几乎很多的车站都存在这样的问题，原因何在呢？就因为这是一锤子买卖，对商贩来说，火车站来来往往的都是过客，这些陌生人不会因为饭菜好吃可口，而大老远地专程跑过来做个"回头客"；同样，如果过客觉得饭菜难吃，也不会花费时间精力来跟你追究。因此，对火车站的商贩们来说，一次性要合算得多，可以赚到最多的钱。但很多小区门口的饭馆就不同了，人家图你今天吃了明天还来，因此，在饭菜品质与价位上，总是会努力为食客着想。

重复博弈说明，人们的行为将直接受到对预期的影响，这种预期可分为两种：第一种是预期收益，即如果我现在这样做，将来能得到什么好处；第二种是预期风险，即我现在这样做，将来可能会遇到什么风险。正是某种预期的存在，影响了我们个人或者组织的策略选择。

要想还有下一次博弈，就不能光顾自己，得站在对方的立场上想一想。所以有"吃亏就是占便宜"的古训。当然，这个吃亏，常常是吃小亏，甚至大多数时候，并没有真正亏损：如本来可以赚 10 元的只赚 1 元，也叫"吃亏"。为什么提倡吃亏？因为这次吃了小亏，下次、下下次博弈中可以赚回来，这次赚的只是小钱，多次博弈后，聚小成多。

值得注意的是，事情总是在变化中发展，一次性博弈可以演变成重复博弈，重复博弈也可以演变成一次性博弈。

不过，作为理性的经济人，即便面对重复博弈也不要放松警惕。因为对方没有背叛，常常只是诱惑不够。以开头的小孩为例，10 元不要，100 元呢，1000 元 10000 元呢？只要开足够的价码，就可能摧毁他的心理防线。

因此，古人既有“吃亏就是占便宜”的名训，也有“防人之心不可无”的告诫。

## 利益与背叛

在社会联系紧密的人际关系中，人们很重视礼节和道德，因为他们需要长期交往，并且对未来的交往存在预期。

我们去菜场买菜，如果发现哪家的菜质量好，价钱公道，自然以后还会去光顾。而卖菜的摊贩知道你是老顾客，自然也会对你服务更加周到。因为一旦他宰了你一回，以后你就再也不会到他这里买，他就失去一个可以给他带来长久利益的老顾客。

在这里，最重要的一点就是，重复博弈的次数是不确定的。否则，如果你确定要在他这里买 10 次菜，那么他最大的可能就是每次都尽量多要你一点了，反正你也没有办法对他施加任何惩罚。

显然，在这个例子中，交易双方不约而同地向对方传递了希望把单次博弈转化为不确定次数的重复博弈的意愿，以此增加双方的可信度，提高交易成功的可能性。

因此，作为破解诚信危机的关键一步，我们可以通过设计交易规则等方式，实现交易活动从单次博弈或确定次数的重复博弈向不确定次数重复博弈的转化。

事实上，在日常生活中，很多企业与个人都已经在自觉不自觉地运用这一策略，以增加交易双方的诚信度。比如说在购买保险时，不管是经纪人还是我们自己，都希望交易能以双方都满意的结局达成。经纪人希望赚得佣金，而我们则希望购买到实惠的保险产品。谈判中，经纪人的话隐含着一层意思：他们公司是一家目光长远的企业，因此双方之间的交易会持续进行。同样，我们的话也向经纪人传达了长期合作的意思：如果保险公司的产品服务能物美价廉，我们就会成为它的忠实顾客。

背叛相信你的人是最容易的事，只不过当你背叛了他们以后，他们就不会再相信你。

我们再来看另一个例子。抽烟可以满足一时的快感，但却会导致以后的健康问题。对于只看眼前而不管将来的人来说，抽烟可能是理性的抉择。同样，在存在囚徒困境的重复博弈中，背叛别人对眼前有帮助，对以后却会导致不良的影响。因此，当某个人越不重视未来时，他就越有可能在这样的重复博弈中背叛你。因此，你应该更相信有未来可以期盼的人。人的行为往往会透露出自己对现在与未来的重视程度。

## 一次性博弈转化为重复博弈

现实中，有些人为了从供应商那里得到更多的优惠，本来就是一次性交易，他非得说我们公司以后还需要很多这样的配件，如果你价格优惠，我们每次都会到你订货，你看能不能给我们优惠点。这样的说法就把一次博弈说成了多次的重复博弈。让供应商们明白如果，这次你宰了我，下次我就不来了，反正我手里还多大量的订单。而理性的供应商都选择以优惠的价格与你订立合同，以保持你长期稳定去从他那里订货。

运用向前展望、倒后推理的原则，我们可以看到，一旦再也没有机会可以进行惩罚，合作就会告终。但是，谁也不愿意落在后面，在别人作弊的时候继续合作。假如真的有人仍然保持合作，最后他就只能自认倒霉。

既然没人想倒霉，合作也就无从开始。实际上，无论一个博弈将会持续多长时间，只要大家知道终点在哪里，结果就一定是这样。

深谙策略思维者懂得瞻前顾后，避免失足于最后一步。假如他预计自己会在最后一轮遭到欺骗，他就会提前一轮中止这一关系。不过，这么一来，倒数第二轮就会变成最后一轮，还是没法摆脱上当受骗的问题。

遵循同样的推理，作弊仍是一种优势策略。这一论证一路倒推回去，不难发现，从一开始就不存在什么合作了。

## 重复博弈下合作伙伴的选择

虽然在重复博弈下，自私的个体更容易走向合作。但这并不意味着我们对合作伙伴就不应作出选择了。在重复博弈中，我们就尽量选择那些目光长远，注重未来发展的人合作，而不应该选择那样目光短浅，只注重眼前利益的人。

老婆和合作伙伴有许多共同点的，首先，合作伙伴是自己最亲密的人，属于兄弟加战友式的关系，老婆也是。其次，合作伙伴是能知道自己秘密的人，老婆也是。第三，好的合作伙伴和好老婆一样是可遇而不可求的。

那应该如何挑选合作伙伴呢？

（1）看脾气，性格。人的脾气性格生来就很难改变，人的所作所为和性格有必然的联系，做生意切忌相互猜疑，爱嫉妒，易怒，反复，斤斤计较的人一定不能选做合作伙伴。同时有话闷在心里烂了也不说的那种人也不能选择。

（2）看他的兴趣爱好。看人不能单凭某点就下结论，对兴趣爱好的观察是辅助的考察，爱好赌博和喝酒的一律要淘汰出去，作为对男性的考察也应该把他对异性的看法列在其中，不尊重异性的人不能选择。

（3）看他对事业的理解。有的人认为做事情就是做事情，没什么目的和看法，这种人短期合作倒还可以，长期合作就不太妥当，胸无大志的人可能在新技术的引进和革新上给你添加不少阻力。

（4）看他的过去的经历。人的经历是财富，无论好或坏的经历都应该是其人生道路的折射，此项考察应该多注意他对生意门路的看法及他经商天赋的流露。

（5）从侧面了解他的为人。了解一个人，最好的办法就是走进他的朋友圈，看看他的朋友和身边的人对他的评价和看法。当然不要只单单了解他的朋友的评价，他的对头对他的评价或许更真实一些。

（6）从他的消费习惯看他对钱的态度。看一个人怎么花钱，就知道他是怎么挣钱，有大手大脚花钱习惯的人要谨慎选择，有挣多少钱就花多少钱甚至花没挣到钱的人，一定不要选择。

（7）从他对家庭的态度了解他的道德。不能做到关心家庭，爱护家庭，维护家庭的人尽量少合作，对父母不孝顺的人一定不能选择，对子女不关爱的人要谨慎选择，个人道德素质是其做事情的准绳。

（8）看他有没有共同进退的品质。有句话说得好，宁可要不能同苦能共甘的朋友，也不要能同苦不能共甘的朋友，好多合作的人不是因为在困难时期不能共患难，而是等富贵来了以后却相互的算计，到头来更是让人寒心。

（9）从他的个人文化修养看他有没有独立做事情的决心。对合作者文化水平的考察虽然不是特别重要，但是为了长久，有一定文化涵养的合作者也显得很格外重要。我们也可以这样分析：假如你不和他合作，他能不能单独做这个事情？假如你不和他合作他有没有别人可以选择？还有没有别人愿意和他一起做事情。

（10）从他的综合实力看有没有合作的必要。要综合起来评价，凡是在性格，习惯，为人，处世，个人能力上有欠缺的人要妥善选择。选择合作伙伴是投资走出的一大步，应该坚持宁缺毋滥的原则。

## 重复博弈下的欺骗，合作还是合谋

在重复博弈中，我们当然希望双方都能为了组织的共同利益而奋斗，但有些合作伙伴却为了自己的利益，与他人勾结起来损失组织的利益，这样合作关系就变成了合谋。

这种关系在委托—代理关系中体现得尤为明显，如果代理人的合作行为不利于委托人的行为，那么这种合作行为就被称作合谋行为（collusive behavior）。例如，两个员工互相帮助提高产量，是有利于委托人的，这是委托人所愿意激发的“合作”行为；两个员工相互勾结协商均不努力来骗取委托人的奖金，那么这种合作行为对委托人是有害的，被称为合谋行为。也就是说，合谋行为本身也是一种合作行为，但却是委托人所不愿看到的合作行为。

现实中有很多潜在的合谋行为，或者潜在的合谋威胁。比如中低层员工可以联合起来蒙骗公司高层；大股东可以和管理层相互勾结掠夺中小投资者的利益。

那么，委托人又如何防范合谋行为呢？首先必须承认，并不是每一种合谋我们都有办法解决，但是我们的确有一些防范合谋的基本思路。这些思路均可从我们现实的博弈中看到其影子。

一种防范合谋的方法是设置标杆。假设一个老板让两名员工展开工作竞赛，为此老板设置了一笔奖金。员工的业绩会受到随机因素和其努力两方面的影响。显然，两个员工都努力，则各自赢得奖金的概率为50%，但都付出了辛苦的劳动；如果他们都不努力，则仍各自有50%的概率得到奖金，却不必付出辛苦的劳动。因此，他们有可能合谋不努力。而此时为了防止员工的合谋，老板可以设置一个业绩标杆，即要求产量达到某一个标准并且是胜出者才能获得奖金。这样，两个员工合谋不努力就不再是最优的策略。

防范合谋的另一个方法是虚拟竞争对手。这是在帝王时代皇帝控制外征将军的常用办法。当一个将军率军出征之后，皇帝怎么了解他的行动呢？怎么确保将军如实汇报军情呢？一个办法就是安排监军，对将军进行监督。但是，如果将军跟监军合谋起来蒙骗皇帝，那怎么对付？皇帝常常会安排暗线对他们进行监督，但将军和监军等却不知道谁是暗线。

利用过去的业绩也可以防范合谋。这在体育比赛中是最常见的。既然比赛是依靠相对成绩排座次，那么运动员就可以串通付出较少的努力来平分奖金。但现实中几乎没见到这样的合谋。其原因在于，拿得第一名对于一个运动员也许并不是最值得骄傲的，而破纪录也许更令运动员激动，过去的纪录就成了现在运动员竞争的标准。这与标杆竞争类似。

在一个公司中，也可以过去的业绩来制定竞争的标准。但是，如果生产技术发展较快，那么过去的业绩实际上也很难成为一个很好的标准。此时，为防范员工合谋可引入同行业相对比较来作为竞争标准。一般来说，企业内部员工容易合谋，但是本企业员工与其他企业员工合谋则相对困难得多，几乎不大可能。

关于组织中的合谋问题，目前仍处在学术研究的前沿。1986 年，经济学家泰勒尔（Tirole）的论文《科层组织和官僚机构：合谋在组织中的角色》发表以来，在最近的 20 年中，尤其是自 1996 年以来的 10 年，组织合谋理论得到了实质性的进展。尤其是在“委托人—监督者—代理人”关系中的监督合谋行为，分析框架已基本成熟。目前，该领域的研究仍在不断的进展之中。

## 守信，博弈中制胜的因素

守信，是做人处事的基本原则，又是治理国家必须遵守的规范，它调节着人与人之间的关系，维系着社会秩序。做人需要守信，守信赢得尊严；经商同样需要守信，守信赢得市场。在你与对手进行的博弈时，守信便成为对方对你采取策略的重要依据。

守信，就是对自己说的话要承担责任，言必有信，一诺千金。答应他人的事，一定要做到。同他人约定见面，一定要准时赴约。要知道，许诺是非常慎重的行为，对不应办或办不到的事情，不要轻易许诺，一旦许诺，就要努力兑现。如果我们失信于人，就等于贬低了自己。从古至今，人们这么重视守信原则，其原因就是诚实和信用都是人与人发生关系所要遵循的基本道德规范，没有守信，也就不可能有道德，所以，守信是支撑社会的道德的支点。

但是有一个问题我们不得不认真面对，社会上为什么会有那么多人不守信。

这是因为守信是相对的，当守信的成本与其价值相对失衡时，就会诱使人们做出一些不守信的行为来。当然，在一定的道德规范、市场规则和社会监督下，有时即便守信的成本高于其价值，某些违背守信原则的动机，还是受到诸多社会因素的制约而不会变为实际行动。

1996 年，下岗工人庄红卫借资 3 万元起家，创建了“庄妈妈净菜社”。由于她自己是下岗工人，因此在面对下岗工人做生意时考虑对他们要守信，经常不惜亏本做买卖，最后造成守信的投资入不敷出，几年以后终因经营困难而关门。“庄妈妈净菜社”的关门与庄红卫没有考虑守信投资与回报的关系有关，她超出企业现实能力盲目投资守信，置赢利这一办企业的根本目的于不顾，怎么能够持续经营下去呢?

我们知道，缺乏守信会失去未来的更大利益，但为了守信而不计投资回报，则与现实情况大相径庭。“庄妈妈净菜社”失败的故事告诉我们，守信是有价值的。虽然不能排除有些人的守信行为单纯是为了塑造一种高尚的人格，但大多数人的守信是为了获得更多的利益，这也是市场经济的必然现象。

就交易来说，缺乏信用会提高了交易成本，妨碍交易活动的正常进行。有些经济学家认为，由于利己主义动机，商人在交易时会表现出机会主义倾向，总是想通过投机取巧获取私利，如故意不履行合约中规定的义务，曲解合约条款，以不对等信息欺骗对方等。这样一来，为了尽量使自己不吃亏，在交易时就得讨价还价、调查对方的信用、想方设法确保合约的履行。于是，商业谈判、订立合约等活动的复杂程度越高，交易成本就越高。当交易成本过高时，就不值得交易了。可见，只有交易双方彼此守信，才能降低交易费用和提高交易的效率。

作为“经济人”，一个企业家诚实守信的品行也会给他带来好处，因为口碑较好的商人相对而言更容易得到商业伙伴的信任，从而以较低成本实现交易，最终获取相对多的利润。

守信并非“免费的午餐”，维持守信会付出代价。譬如企业家要保持良好的商誉，哪怕自己遇到重重困难，也要尽可能按照约定条件付款或交货；即使投资遭受损失，也要想办法先偿还银行贷款；即使遭遇突发性危机，也不能随便把自己的损失转嫁给客户。一般来说，企业家的守信度越高，维持守信的成本也越高。

企业家的守信，更主要的是考察他们作为“经济人”的特性。作为一个“经济人”，他们必然追求金钱或物质利益，而守信是获得财富的手段之一。从经济学原理来分析，企业家是否守信或在多大程度上坚守守信，取决于他们对守信投入的成本与相关收益的比较。

如果双方之间的交易是一次性的，结果一定会造成守信缺失；如果交易是经常性连续进行的，则守信成本就会高很多。连续的交易又因无限重复和有限重复而不同。如果A和B之间的交易是无限次数的，商界就会对不守信行为惩罚，以及给予信守诺言的行为以更多的回报。

设想博弈以A违约开始。到第二次交易时，B会不信任A，要么放弃交易，要么附加更多的条件，但这对双方都不利。他们会认识到，从静态来看的损人利己行为，在动态中将导致双方利益受损。如果交易继续进行下去，出于对合作终止可能给自己带来损失的担忧，到第三次交易时，A会尝试着遵守游戏规则。“你投我以桃，我必报你以李”，故在第四次交易中，B就会信任对方。反之，如果A在第四次交易中对B第三次交易中发出的善意信号置若罔闻，则他必然会“你做初一，我做十五”，B会在第五次交易中继续违约，结果大家都讨不到好，则博弈再度限于囚徒困境的僵局。

既然博弈要不断地进行下去，囚徒困境结局绝非均衡。市场会通过不断自发进行的惩罚与激励，促使交易双方调整心态，争取通过“双赢”达成长期合作关系。每个正常的人和企业都会理性地作出上述演绎推理。于是我们就可发现，与其在第二次交易中遵守规则，还不如在第一次交易中遵守规则。因此，我们可以得出结论：对于无限连续交易的博弈而言，每次交易的均衡表现为双方都遵守规则、坚守守信，因而其结局最优。

值得注意的是，连续交易应划分有限连续和无限连续。就有限连续交易而言，虽然交易是重复进行的，但因次数有限，则每一次交易的均衡仍然与一次性的交易博弈相同，是囚徒困境式的次优结局。道理很简单。既然次数有限，则必定存在着最后一次的交易博弈。而在最后一次博弈中，不管你一诺千金也好，坑蒙拐骗也好，既不会遭受惩罚和损失，也不会获得奖励和利益，因为此次博弈结束后彼此就互不相见了。

我们可以设想一下，当你遵守规则时，不会在下一次受到奖励；当你违背规则时，也不存在着受罚。那么，倒数第二次的交易博弈同样与一次性的交易博弈的性质无异，其均衡过程也必将出现囚徒困境。

在现实生活中，人们常常把“百年企业”“老字号”作为守信企业的代名词。其实，所谓“百年”和“老”的意思，从本质上看就是“无穷多次的重复”，这也反证了真正的守信是建立在无限重复的交易博弈基础之上的，类似“同仁堂”“胡庆余堂”这样的金字招牌，就是以无数次守信经营的代价和口碑所铸就的。

## 如何维持合作的关系

在长期合作的博弈中，如何长久地维持合作伙伴关系是很重要的，在“囚徒困境”一章中，我们提到了“一报还一报”策略，只要对方背叛，我就进行报复，它虽然能防止对方背叛，但却显得过于无情。用在合作博弈中，它显然强调的是，如果对方出现了一次背叛，我就永远不与其合作。这显然是一种不宽恕的策略。博弈论中将这种永不宽恕的策略称为“冷酷策略”。冷酷策略是试图通过毫不原谅地惩罚对手，迫使对手不敢偏离合作的轨道，看起来是一个好方法。但是这个策略有两个致命的问题：一是，冷酷策略虽然严厉惩罚了对手，但实际上自己也会遭受到重创，对有一次背叛了合作的对手永不原谅，那么自己其实也就永远不可能再得到合作的收益；二是，如果对手只是偶然“失误”，并且失误之后很后悔，希望回到合作的轨道上来时，冷酷策略却拒绝给予对方重新合作的机会。

而允许背叛合作的人重新回到合作的轨道上来是宽容的措施。现实中人们的确也经常使用这样的策略：如果你坚持错误，我们就会孤立你；而若你改正了错误，我们仍欢迎你的加入。

一次，楚庄王因为打了大胜仗，十分高兴，便在宫中设盛大晚宴，招待群臣，宫中一片热火朝天。楚王也兴致高昂，叫出自己最宠爱的妃子许姬，替群臣斟酒助兴。

忽然一阵大风吹进宫中，蜡烛被风吹灭，宫中立刻漆黑一片。黑暗中，有人扯住许姬的衣袖想要亲近她。许姬便顺手拔下那人的帽缨并赶快挣脱离开，然后许姬来到庄王身边告诉庄王说：“有人想趁黑暗调戏我，我已拔下了他的帽缨，请大王快吩咐点灯，看谁没有帽缨就把他抓起来处置。”

庄王说：“且慢！今天我请大家来喝酒，酒后失礼是常有的事，不宜怪罪。”说完，庄王不动声色地对众人喊道：“各位，今天寡人请大家喝酒，大家一定要尽兴，请大家都把帽缨拔掉，不拔掉帽缨不足以尽欢！”

于是群臣都拔掉自己的帽缨，庄王再命人重又点亮蜡烛，宫中一片欢笑，众人尽欢而散。

3年后，晋国侵犯楚国，楚庄王亲自带兵迎战。交战中，庄王发现自己军中有一员将官，总是奋不顾身，冲杀在前，所向无敌。众将士也在他的影响和带动下，奋勇杀敌，斗志高昂。这次交战，晋军大败，楚军大胜回朝。

战后，楚庄王把那位将官找来，问他：“寡人见你此次战斗奋勇异常，寡人平日好像并未对你有过什么特殊好处，你是为什么如此冒死奋战呢？”

那将官跪在庄王阶前，低着头回答说：“3年前，臣在大王宫中酒后失礼，本该处死，可是大王不仅没有追究、问罪，反而还设法保全我的面子，臣深深感动，对大王的恩德牢记在心。从那时起，我就时刻准备用自己的生命来报答大王的恩德。这次上战场，正是我立功报恩的机会，所以我才不惜生命，奋勇杀敌，就是战死疆场也在所不辞。大王，臣就是3年前那个被王妃拔掉帽缨的罪人啊！”

一番话使楚庄王大受感动。楚庄王走下台阶将那位将官扶起，那位将官已是泣不成声。

在这里，楚王就实行了宽容的战略，面对臣子侵犯自己的爱妃，没有实行报复，而是采取了宽容，容忍了对方的背叛，而那位将官也知错能改，在战场中报答了楚王的不杀之恩，宽容的策略是先容忍对方的背叛，给对方一个改过自新的机会，这样才能最大限度地团结一切可以团结的人。

先做好人，再以牙还牙，强调的是对不善意合作者的坚决打击，和对善意合作者偶犯错误的宽容。这样让对方知道你是一个爱憎分明的人就显得尤为重要，也就是说，你会对背叛合作的人立即予以惩罚，但并不是恶意的反击，而是试图把对方拉回合作的轨道，并且你的行动应该表现得明白无误，要避免给人以太复杂的印象。所以，在现实生活中，你踢我一脚我就回击你一拳，你投我以桃我就报你以李，并且明确地向对方显示出你是这样一个有恨必雪、有恩必报的人。

## 信任是重复博弈的条件

无论在自然界还是在人类社会，信任与合作都是一种随处可见的现象。在博弈中，只有双方互相信任，才能有充分博弈的可能。否则，一点点不信任的火星，就可能烧起燎原大火，使原来的合作成果化为灰烬。

由此可见，要取得对方的信任有时并不是一件容易的事，即便是那些你身边特别了解你的人。至于在与陌生的对方初次合作，而且对方比你更有知名度和信誉度的情况下，对方如果对你的能力有所怀疑，这更是司空见惯。如果有这样的情况发生，比如你在人脉圈中被误会并给自己的信用品牌带来了危机时，那么，要想取得对方的信任更是比登天还难。有时候，需要付出沉重的代价。

在好莱坞电影《谈判专家》中，芝加哥警局谈判专家丹尼就面临着不被同事们信任的危机，以及来自亲人和同事的不信任，这足以让他没有立足之地。因此，为了取得同事们的信任，丹尼付出了很大的代价。

事情的起因是这样的：一天，丹尼的搭档突然被人杀害。后来，调查的结果却是，丹尼成了重大嫌疑人。尽管丹尼是被人陷害栽赃的，可是有谁能听他的辩解呢？在警察们看来，谁都可能成为被怀疑的对象。无奈之下，丹尼闯入警署内部事务科，劫持了那些真正有犯罪嫌疑的人。

这个举动，震惊了整个警署大楼。顿时，丹尼被同事们团团包围，狙击手们已瞄准了他。其中，那些本来就想栽赃陷害他的人更是想趁机置他于死地。丹尼的生命面临着危险。

死在同事和下属们的枪口下，丹尼当然于心不甘，这也不是他的初衷。那么，怎样才能在千钧一发的时刻取得他们对自己的信任，保证生命的安全呢？

这时，丹尼拿起对讲机充满深情地说道："我知道此刻，我的好朋友们都在这里，我去过有些人的家，庆祝过孩子的受洗礼，我们经常在一起喝酒。在一次又一次劫持人质的现场，你们是这样的相信我，把生命都交给我来指挥。"他的话，令人们想起了以往的友谊。顿了顿，丹尼充满信心，用坚定不可动摇的语气激昂地说道："那么，今天，请你们再相信我一次，我一定要揪出杀害我们同事的真凶，让同事瞑目……"

丹尼对被杀害同事的真诚和坚决，以及揪出元凶的决心打动了他的同事们，已经瞄准的枪放了下来……

在丹尼的生命面临危险的关键时刻，哪怕是多数同事相信他是无辜的，也随时有可能发生意外事件而开火。在这种情况下，他唯一能做的就是让同事们再相信他一次。

由此可见，相信的力量是多么神奇。它能令反目为仇的人瞬间变为战友，让危险的局面顿时云开雾散。

当然，要让对方相信自己，首先要做到自己是个诚实守信的人，也就是说自己的人品素质经得起考验。只有自己先守信，别人才能信任你。不论遇到什么样的境遇也不要改变自己诚实守信的信念，只有经得起考验的人，才能为自己竖立一块诚信的丰碑。

16 世纪末期，荷兰有一位船长名叫巴伦支，为了在激烈的海上贸易竞争中胜出，他决定开辟一条从荷兰到亚洲的新航海路线。可是，当他载着满船的货物路过地球上最寒冷的北极圈三文亚时，却遭遇了海面的浮冰，他只得先把船停靠在岛屿旁边。

在零下 40 摄氏度的严寒中，船长和水手们只能靠打猎维生度过了八个月漫长的冬季。17 名船员中有 8 个人因为恶劣的环境而丧生。虽然，船上有可以挽救他们生命的衣物和药品，但他们却丝毫未动，因为那些货物都是客户的。

等春天到来后，幸存的船员终于把货物完好无损地送到客户手中。他们用生命的代价坚守诚信，这样的信誉震动了整个欧洲，也赢得了荷兰海运贸易在全世界的市场。

没有信用，就没有秩序，市场经济就不能健康发展。市场经济是信用经济。不仅经商之道，需要以诚为本；为人处世，更需要以信而立。在社会上生存，人与人之间无时无刻都存在着密切的联系，如果你没有诚信，对方怎么敢信任你，又怎能与你合作共事？这自然会增加你与人们博弈的成本，从而影响你的成功概率。因此，诚信是做人的精神与原则，是一种道德规范和行为的准则。

当然，要让对方相信自己也需要讲究艺术。因为你虽然可以决定自己信任对方的程度，但你却无法决定对方信任你的程度。因此，如果是你的亲人、朋友或同事对你产生了信任危机，那么你可以用情感的力量来打动对方的心。让对方回忆你们曾经美好的情谊，放松戒备的心，之后坦白地告诉对方你的态度，以取得对方的理解和认可。在博弈的过程中，虽然人们相互之间都是为利益考虑，但是，人并不是时时刻刻都是理性的。因此，需要重视情感的力量。

如果你是在和陌生人博弈，不妨让第三者为你作证，证明你的信誉度，这样，比你单纯地说服对方更有可信度。同时，也避免了自卖自夸的嫌疑。

总之，有信任才能有重复博弈的可能，在信任的基础上，双方才可能长期合作。

另外一点不可忽视的是：信任也是建立在利益相关的基础上。双方之间之所以能彼此守信的原因在于，有共同追求长远利益的动机。在这种动机下，他们不会为了短期的利益而做出不守信用的事情。

不论是出于何种目的考虑，不可否认的是，在博弈中，建立在诚信基础上的相互信任都是至关重要的。对于一个国家而言，诚信是立国之本；对于一个组织而言，诚信是立业之本；对于一个人来说，就是立身之本、处世之宝。博弈者应该把诚信作为自己的主动选择，增加把一次性博弈转化为重复博弈的概率。

## 分化中间派

在博弈的过程中，你所面临的，往往不止一个对手，而是方方面面、形形色色的对手。此时，你最好的策略，不是如何将对手各个击破，而是设法分化敌人，“团结大多数，打击一小撮”，这样你才能够在复杂的局面中取得最后的胜利。

在海盗分金中，如果只有 2 个海盗的话，那么，最凶残贪婪的海盗肯定会选择独得 100 枚金币。

可是，如果加上了一个更凶猛的海盗 3 号。3 号知道，如果不给 1 号、2 号一枚金币，他们什么也得不到，就会投票让自己去喂鱼。可是，如果给两人各自一枚金币，自己的损失就有些大。此时，怎么办？ 3 号的最佳策略是：

1 号得 1 枚，2 号什么都得不到，自己独得 99 枚。因为自己比 1 号凶残，1 号不会不自量力，与自己发生冲突，发生鱼死网破的局面。再者，1 号有利可图，不至于倒向 2 号一边。而 2 号呢？没有什么实力，看到 1 号拥护自己，也会同意自己的方案。

显然，3 号是聪明的。他采取了分化 1 号这个中间派的办法达到了自己的目的。

假如有众多海盗参与分金的话，假如他们都有理性的话，还是会选择分化、拉拢、争取大多数的办法。因为任何分配者都想让自己的方案获得通过。他们都想用最小的代价获取最大的收益，那么，拉拢分配方案中最不得意的，被之前的分金海盗抛弃的人，无疑是可以达到目的。

虽然，人们不可能像 3 号海盗这样巧取豪夺。但是，这个例子给我们的启示是：在博弈中，不论你是弱势一方还是强势一方，都需要争取中间派的力量。任何一个得胜者都是通过拉拢分配方案中最不得意的人，而打击“挑战者”，最终以最小的代价获得最大的收益。

中间派就是墙头草之类的人，他们可以“事不关己，高高挂起”，也可以随大流，发挥从众效应。他们彼一时，此一时，在这一方面和你对立，在那一方面却不一定对立。因此，要让这些中间派倒向自己一边，争取博弈的最大力量。

皇太极死后不久，以索尼、鳌拜为首的大臣便齐往豪格家，策划立豪格为皇帝。

密谋之后，上述八人又找到济尔哈朗，谋求他的支持。济尔哈朗表示倾向于立豪格为皇帝，但是又主张要与多尔衮商议。

与此同时，多尔衮和多铎所统率的正白、镶白两旗，则主张立多尔衮为君。双方各不相让，形势极为紧张。清政权处于严重危机之中。

议商皇位继承人的贵族会议召开后，黄旗索尼和鳌拜首先倡言“立皇子”，多尔衮虽然其资历不够，呵斥他们退下，但两黄旗包围了宫殿。而且，两黄旗大臣佩剑向前说："我们这些人吃先帝的，穿先帝的，先帝对我们的恩情有天大。要是不立先帝的儿子，我们宁可以死追随先帝于地下！"

此时的两白旗并不示弱，他们力劝多尔衮即帝位。

在这剑拔弩张、互不相让的紧要关头，表面憨厚而内心机敏的郑亲王济尔哈朗提出一个折中方案：让既是皇子，又不是豪格的福临继位。多尔衮权衡利弊之后说："我赞成由皇子继位。只是福临年纪小，郑亲王济尔哈朗和我辅政，待福临年长后归政。"对下层臣民而言，多尔衮和济尔哈朗是皇太极晚年最信任、最重用的人，许多政务都由他们二人带头处理，所以对他们出任摄政也并不感意外！这时，豪格也不好反对。

当然，多尔衮同意济尔哈朗的方案，是由于福临年仅六岁，易于控制，这样可以排除豪格。可是，如果只是他一人摄政恐怕也得不到对手的同意，所以便拉上济尔哈朗这个中间派，可以为自己的独断专行亲政而打掩护。这样，这个妥协方案就为各方所接受了。

在豪格和多尔衮的较量中，济尔哈朗无疑是中间派。但是，在关键时刻，却是他提出了一个候选人，平息了即将发生的内讧。由此可见，中间派的力量是多么关键。

多尔衮掌权以后，即便是对于曾经支持豪格的八个人也实施了分化瓦解的措施。其中半数先后叛变豪格，倒向多尔衮！多尔衮就这样顺利分化瓦解了两黄旗大臣，争取了自己在和豪格博弈中的大多数力量。

当然，要争取中间派需要策略。多尔衮的策略就是给济尔哈朗以摄政王的权力，和自己比肩而立。但是，由于济尔哈朗的势力远远比不上自己，因此也不会对自己造成什么危险。

一般来说，笼络对立派层次较高的人，要晓以利害才能奏效，笼络对立派中低层次的人，必须重视感情投资。

另外，在对立派的阵营中，也要有自己的力量。要放心对他们，尽管委托一些小事。尽管他们身在"敌营"，但是因为所做的都是一些无关紧要的小事，不会引起对立派的怀疑。至于自己原有的中坚部将，要向他们不断揭露对立派使用过一些什么花样和诡计。

总之，必须利用一切机会，设法使对立派内部产生裂隙，同时也要争取对立派的力量，化敌为友。你争取的支持者越多，你的队伍越壮大，你博弈制胜的可能性就越大。

## 不可忽视的力量

我们都知道“大鱼吃小鱼，小鱼吃虾米”这个似乎不可动摇的真理。但是，在博弈中，这样的经典理论并非都成立。

一位酷爱养鱼的人曾经向鱼缸里投喂了小虾，原以为这些不起眼的“小人物”只能成为身体雄伟而美丽的热带鱼的美食。但是，令他没有想到的是，小小的虾米们居然凭着相对坚硬的外壳非但没有被捕食，反而一些小型的热带鱼却成了它们的盘中餐。

虾米这些“小人物”居然能打败比他们庞大数倍的热带鱼，简直是个奇迹。

这个自然界的生存法则告诉我们：永远不要忽视了小人物的力量。小人物的力量一旦放大，也可以产生“蛇吞象”的效应。

一只狮子抓住了一只老鼠，这只狮子经不住老鼠的苦苦哀求而放了即将到口的猎物。小老鼠临走时说：“以后有机会我一定会报答你的。”狮子说：“你一只小小的老鼠能帮我什么呢？”后来狮子掉进了猎人设计的圈套，被猎人用巨网网住了。在生命危急的时候，小老鼠带领它家族的成员，撕咬断了巨网的绳索，狮子从而得以逃生。

这不仅只是个童话故事，在现实生活中，小人物确实能发挥出不可思议的力量，帮助大人物走向成功。特别是在博弈中，如果双方的实力对比悬殊，博弈的局势就很容易发生偏移，也就是从合作博弈走向非合作博弈。但是如果存在第三方外部局势的变化，而且外部的压力对双方都构成威胁的时候，他们就会选择继续合作，只有这样，才能最大限度地保障双方的利益。而这个第三方，也可以由小人物构成。

中国曾经被排除在联合国大门之外。可是，在1971年10月25日联合国大会第26届会议上，与会代表就“恢复中华人民共和国在联合国组织中的合法权利问题”进行表决时，历史发生了令人惊喜的转变。以76票赞成、35票反对、17票弃权的结果压倒多数通过。中国恢复联合国合法权益离不开非洲国家的全力支持。当时外交部的翻译，后任驻法大使、外交学院院长的吴建民对此评论说，是“非洲兄弟把我们抬进去的”。

对中国投赞成票的34个非洲国家，其中有不少在独立前就同中华人民共和国建立了联系，之后双方又建立了正式外交关系。他们从新中国的外交政策和实践中得出结论，认为中国是它们可以完全信赖的朋友。他们与反对恢复中国在联合国合法权益的美国等国展开了较量，双方周旋了长达11年之久。

非洲国家则以逐步积累力量，增加提案国队伍来步步紧逼。在这些逐渐壮大的力量面前，联合国的形势发生了积极的变化。最终通过了由阿尔巴尼亚和阿尔及利亚等23国提出的关于恢复中国在联合国合法权利的提案。

当时，表决结果一出来，许多非洲国家代表都站起来，热烈鼓掌。当时美国报纸说，在中国当过大使的坦桑尼亚驻联合国代表萨利姆高兴得手舞足蹈，跳了非洲舞。

而且，就在中国代表团抵达纽约联合国总部时，也有不少非洲国家十分热情，帮助中国代表团熟悉联合国议程和工作，以便尽快进入角色。

此后，中国代表团同非洲国家的合作和情谊进一步全面深化。中国外交进入了新的阶段。

由此可见，在大国与大国之间的较量和博弈中，离不开小国家的支持。

国家的发展如此，个人发展也是同理。为人处世中，不可拔高贬低，忽视身边那些小人物的力量。在博弈中，如果你处在弱势时，一定要理智地选择自己的合作对象，有时你依附强势是不明智的行为，因为强势已经很强大，他们可能根本就不需要你；而与弱势合作也是不错的选择，可以让别人需要你而依附你，让自己成为主宰的力量，从而转变为博弈中的强势。

当然，小人物既能在关键时刻助你业绩辉煌，也会因为你对他们的疏忽和排斥等，阻碍你的发展和成功。因此，千万要注意掌握和小人物共处的艺术。

**1. 维护小人物的心理平衡**

一般来说，小人物因为人微言轻，通常有一种自卑的心理。因此，在自己的言行中，要注意时时刻刻维护他们的自尊心。对于他们取得的成就，要给予表扬。

**2. 注意情感投资**

一般来说，小人物很难和显赫的名声、优厚的利益捆绑在一起，因此，对小人物要注意感情投资。有时，在他们身上不经意的投入，有可能带来意想不到的连锁反应。

官渡之战时，曹操听说袁绍的谋士许攸来访，竟顾不得穿衣整冠，赤着脚慌忙出来迎接，对许攸十分尊重。许攸感其诚，遂为曹操出谋划策，帮了他的大忙。

**3. 保障小人物的利益**

在市场经济中，社会发展的标志，就是两极分化的加剧。很多西方国家在经历了多次危机之后，出台的措施是：提高穷人的保障底线。有了这套体系，即便是出现经济危机，国家还可以通过发放补贴等形式让穷人扩大消费。在这种情况下，危机就很容易被应付过去。

**4. 打击居心叵测的小人物**

在职场上，一些才华横溢、能力强的人认为，自己只要取得业绩，赢得上司的赏识，加薪和提升就指日可待了。他们对自己的能力深信不疑，却对于职务不高的小人物没有给予应有的关照。于是，这些不能发光的小人物就会产生嫉妒心理，甚至想方设法给他们的成功设立障碍。

对于这样的小人物，要讲明利害关系，必要时采取措施，不能默默忍受，否则就是助长他们的气焰。

当然，大多数小人物都是心存善良的，因此，争取他们的理解和支持是明智之举。

社会上，小人物是容易被忽视的。但是，一个社会的正常运转，实际上是靠小人物支撑起来的，而一个人的成功，也离不开小人物的默默奉献。因此，在人际关系中，要赢得小人物的支持，需要他们的支持。

## 不适于合作的时机，当断则断

不可否认，在博弈的过程中，大多数人都是“善良的”，也有重复博弈的愿望，希望合作愉快。但是这并还不能保证所有的人都那么善良，都能按照自己的理性行事。有时，他们为了掩盖真相，会不得不装出“善良”的样子，以便蒙骗过关，找到时机对你反击。因此，参与者要看清楚其本质，并对之加以提防。

要想避免信任瓦解，千万不能让最后一次博弈出现在视野所及的地方，应当看准不适于合作的时机，像快刀斩乱麻那样当断则断。

据《北齐书·文宣帝纪》记载，北朝东魏丞相高欢想试一试几个儿子的才智，于是给每人发了一把乱丝，要他们以最快的速度整理出来。别的孩子都把乱丝先一根根抽出来再理整齐，这样，进度就很慢。只有高洋找来一把刀，挥刀将一些纠缠不清的乱疙瘩斩去，因此最先整理好。

其父见状问他为什么用这种方法，高洋答曰：“乱者必斩！”后来，在高欢的儿子中，只有高洋脱颖而出，成为北齐的文宣帝。

快刀斩乱麻主要是说做事干脆，抓住要害，很快地解决复杂的问题。越是处理错综复杂的问题，越需要大胆果断的行动，排除各种人为的干扰，坚决地走向既定的目标。因此，在博弈中，遇到各种困难和危险时，不妨运用快刀斩乱麻的方法，果断处理，从而打开局面。

当然，快刀斩乱麻需要沉着、冷静、细致、周密的思考。只有周密的思考和准确的判断，才能理清自己的思路，才能看清问题的大致发展趋势。这样，建立在准确判断上的果断的行动才能达到博弈制胜目的。

《后汉书》记载：班超出使西域中，就显示了班超善于决断的魄力。当班超出使鄯善国时，开始几天，国王待他们很热情，可是没过多久，国王对他们越来越冷淡。对此，班超有一种不祥的预感。但是，因为涉及两国的友谊，班超也不好表示什么。

在一次内部使团参加的会议上，班超分析说："根据鄯善国王对我们的冷淡态度来看，我估计是匈奴派人来游说了鄯善国王。"于是，班超派人深夜潜进王宫，果然发现国王正陪着匈奴的使者喝酒谈笑。

虽然眼见为实，但是毕竟没有准确的资料依据。于是，班超又设法从鄯善国接待他们的人口中打听到，匈奴不仅派出使者，而且还带了100多个全副武装的随从和护卫。班超听到这些话后立刻意识到这不只是一般的出使。于是，班超想到，匈奴派来全副武装的随从和护卫，目的只有一个，对付我们。如果再不采取措施，就会成为牺牲品。于是，班超果断地决定消灭匈奴使团。

第二天，班超提着匈奴使者的头去见鄯善国王，指责他说："您既然已经答应和我们结盟，又为何背地里和匈奴接触？现在匈奴使者已全被我们杀死了，您自己看着办吧。"

鄯善国王又吃惊又害怕，很快就和汉朝签订了同盟协议。这下，班超的举动震撼了西域，其他国家也纷纷和汉朝结盟。

在和鄯善国的博弈中，班超正是因为果断行事，才避免了灭顶之灾。

如果无法保证自己的判断是否正确，可以通过一些其他渠道探听对方的动向。当你确实得知对方准备背叛你时，就要果断出手。只有先下手才能扭转自己的被动局面，才能避免成为他人的下酒菜。

果断行动不仅是博弈中对待竞争对手和背叛者的方法，在每个人个体的博弈中，也是很有效的应付日常事务的一种策略。

那么，怎样才能锻炼自己果断行动的习惯呢？

### 1. 给自己一个时间限制

如果你发现自己做事优柔寡断、拖泥带水，那么，可以在每一次做决定前，给自己一个短时间的限制，比如，考虑一件事件不超过 15 秒。在这个限制的时间里你要慎重的考虑和分析，时间一到你就必须做出决定，决定一旦作出，就不能更换，这样锻炼自己，就能够做到果断了。

### 2. 决不后悔

每一个决定都有好的一方和坏的一方，你必须勇于承担一切的后果，哪怕这种后果不是你所希望的，也不要后悔不要回头。

行动果断就不会受制于人，反而会扭转自己的被动局面。

第十二章

# 做大平台，实现多级跨越

博弈虽然是两种对立的力量互相争夺，但是，每个博弈者在决定采取何种行动时，不但要根据自身的利益和目的行事，而且要考虑到自身的决策行为对其他人的可能影响，以及其他人的行为对自己的可能影响，通过选择最佳行动计划，寻求收益或效用的最大化过程。

要想取得人生博弈的成功，既需要人脉的支持，也需要借助对手的力量，更需要和合作方一起做大蛋糕。只有资源共享，才能在更高的平台上跨越和腾飞。

## 人脉是博弈成功的关键

一个人想要在社会上立足，就必须有一个属于自己的圈子。生活中为什么有的人像做了电梯一样步步高升，而有的人则摸爬滚打数十年仍一无所获？这一切最深层次的根源就在于——人脉！

美国人际关系大师卡耐基说：“一个人的成功，专业知识作用占 15%。而其余的 85% 则取决于人际关系。”人脉是一个人通往财富、成功的入门票。

2008 年全球各国富人数量排位，中国排位第四。而这些富人当中，有 8% 的人既无生产经营资料也无专利技术，那么，他们凭什么呢？就是凭着依靠关系致富。

不但创业致富需要依靠人脉的支持，在其他方面想要取得成功同样也需要人脉的鼎力相助。博弈也是同样，不管你自己具备多么强的能力和综合素质，都需要他人的帮助和支持。我们立身处世，虽然要自力更生，不轻易靠人，但是千万不可忽视人际关系的重要性。对于每个人来说，如果光有能力，没有人脉，个人竞争力就只能是一分耕耘，一分收获。而有了人脉的支持，就可以一分耕耘，十分收获。

现实生活中的每一位成功人士都有一个共同特点，那就是他们都具有建立并维系一个良好的人际关系网的能力。经营并维护好自己的人脉圈，不但会距离成功越来越近，而且也可以增加自己心理的满足感、幸福感与稳定感，有益于自己的身心健康。

但是，一个不容乐观的情况是：尽管大多数人认同“人脉关系”的重要性，但仍有 45.56% 的人仅仅局限于职场中，认为除了 8 小时工作以外就不必太在意了。调查发现，只有 48.36% 的人去主动出击建立自己的人脉关系，有 34.22% 的人是通过朋友介绍增长人脉，还有 9.82% 的人是被动等待别人找上门。而在这些人中，男性比女性更关注人脉关系对职场生涯的影响，外企职员主动结识朋友的意识比较强烈，占了 50.8%。这些都说明，很多人和外企职员相比，还没有充分认识到人脉关系的重要性，也没有充分地把自己的人脉资源运用好。

之所以产生这种现象，有主客观两方面的原因。有些人看重自力更生，感觉凭自己的本事吃饭才是能力的表现。有些人认为，人脉就是搞关系，只要自己有能力，在社会上受重用就可以了，没必要去拉那些关系，拉关系是无能的表现。这种认识的误区妨碍了他们与人交往，当然也得不到他人的鼎力相助，只会使自己在人生的博弈中孤立无援，奋斗的道路越走越难。

那么，良好的人脉究竟对个人会带来怎样的帮助呢？

### 1. 有人脉就有信息

在信息发达的时代，拥有人脉，就会有无限发达的信息，就拥有无限发展的可能性。信息来自你的情报网。人脉有多广，情报就有多广。“人脉”情报，能为自己的发展带来便利。

### 2. 人脉就是无形资产

另外，人脉资源还是一种潜在的无形资产，这种人脉资源不仅对你在公司工作中有用，即使你以后离开了这个公司，它也将在你的创业途径中，发挥无与伦比的作用。比如，在创业过程中一旦遇到某一方面的困难，你就会知道该打电话给谁。

### 3. 人脉就是机遇

不论是求职还是干事业，人脉是机遇。

根据人力资源管理协会与《华尔街日报》共同针对人力资源主管与求职者所进行的一项调查显示：95% 的人力资源主管或求职者透过人脉关系找到适合的人才或工作，61% 的人力资源主管及 78% 的求职者认为，这是最有效的方式。

小强大学毕业后，自以为可以找到最好的工作，结果却徒劳无功。一天，他在朋友的家中见到一位记者，无意中说出了自己的烦恼。记者了解他的情况后说："噢，那正好，如果你愿意，星期一来找我。"

次日，小强打电话到记者的办公室，这一通电话改变了小强的命运。在街上闲晃了一个月的小强，站在了铺着地毯、装饰得大大方方的办公室内，顷刻间拥有了一份体面的工作。原来记者给那个企业做过报道，没有多少文化的老板无意中说起需要一个文秘。

对小强来说，那不仅是一份工作，更是一份事业。3 年后，小强还在这一行继续挖掘金矿，而且成为当地有名的制笔厂公司的经理助理。

小强至今都感谢神通广大的记者给自己的鼎力相助。对自己来说，磨破铁鞋也找不到的机遇竟然被记者一个电话就搞定了，这种神奇的事情对他来说简直连想都不敢想。

也许你会说，我哪里有机会认识记者这样的大贵人啊！那么，在你的身边，就有很多你可以利用的人脉。你对此充分挖掘了吗？

比尔・盖茨的成功，也离不开身边人脉的大力支持：

球星外婆将家族中的 100 万美元传给他；母亲是盖茨第一笔订单、也是最大最长的订单（与 IBM 合作捆绑销售软件）的中介人；律师父亲对合同和官司的作用功不可没；姐姐也是他最初卖课程表软件的中介人……夫人、好友对他的生意也起到过举足轻重的支持作用。至于中学同学艾伦，更是他创业的得力助手。艾伦性格温和弥补盖茨性格的不足。大学同学鲍尔默的加入更是让微软每年利润25%的速度增长……父母、教师、合作伙伴，就是这些身边的人脉在比尔·盖茨事业发展的过程中起到了非常重要的作用。

可以说，生活中你所认识的每一个人都有可能成为你生命中的贵人。如果你足够聪明就要让自己做个有心人，随时随地注意开发你的人脉金矿！不论是达官贵人还是平民百姓，当你有喜乐尊荣时，会有人为你摇旗呐喊；当你有事需要帮忙时，会有人为你铺石开路。只要你善于开发，每一个人都会成为你的金矿。

当然，人脉的积累是长年累月的。不管是一条人脉，或是由人脉伸展出去的人脉，都需要长期的付出与关怀，这样才能在看似不经意间逐步建立起自己的人脉网。

所以，如果你想获得事业的成功，就要尽早建立自己的人脉资源网，越早搭建自己的人脉网，你就可能越早成功！

## 做搭便车的小智猪

在“智猪博弈”中，小猪安安心心地等在食槽边，而大猪则不知疲倦地奔忙于踏板和食槽之间。这是小猪的智慧。

任何行业中，在前面领跑的，受到的阻力总是最大，而跟随其后者要省力很多。比如，股市上等待庄家抬轿的散户；等待产业市场中出现具有赢利能力新产品、继而大举仿制牟取暴利的游资；公司里不创造效益但分享成果的人，等等。这些就是小猪的行为。

工作中也会出现这样的场景：有人做“小猪”，舒舒服服；有人做“大猪”，疲于奔命，生活中也有这样的情况，丈夫勤快，妻子好吃懒做；或者妻子勤快，丈夫懒虫一个。但是，常常是这些懒人却有好福，这是为什么？是因为大猪比小猪优秀，是因为小猪找到了优秀的人。

大猪们自恃身强力壮，免不了有表现一番的欲望，这是谁也拦不住的，而小猪没有那么多的实力可以消耗，表现也是费力不讨好；再者，大猪们比小猪吃得多，占有了更多资源，因此，从道义上来说也应该承担更多的义务。小猪这样做，并不是懒惰和自私使然，而是小猪吃得少，力量小，吃食物抢不过大猪，所以只好开动脑筋，寻找对自己最有利的方案。对于“小猪”来说，生存毕竟是第一要务，然后才要谋求发展。因此，在生存博弈中，如果你面临着小猪这样的境况，不妨让大猪帮助你成长。

在某建筑公司，负责财务的罗璇一上班就忙个不停，不是申报表就是忙于做账，而财务经理则躲在自己的办公室只管打私人电话，至于给他当下手的阿丽，在上网跟男友谈情说爱。罗璇看到这一切真是气不打一处来。论资格，罗璇比阿丽年龄大，工作资历长，应该是刚分配工作的阿丽最出力。论官职，财务经理应该指挥万马千军，特别是在改制这个财务工作量最大的情况下，不应该让自己这个上有老下有小的中年人一个人做中流砥柱，硬扛着。

到了年终，由于部门业绩出色，上级奖励了 4 万元，经理独得 2 万元，罗璇和阿丽各得 1 万元。想想自己辛劳整年，却和不劳而获的人所得一样，罗璇禁不住满心的不平，但是又能如何呢？虽然他心里埋怨，嘴里嘟囔，工作却没有停下来，谁让他是个认真负责的人呢？如果罗璇工作拖拉，他就无法睡个安稳觉。如果他也不做事了，不仅连这 1 万元也得不到，说不定还要下岗，想来想去，还是继续当“大猪”吧！

每当罗璇抱怨累时，阿丽总是心中不解：“怎么会有那么多人嚷嚷着自己累？我这个小职员不是一直轻轻松松的嘛！”

看到这里，勤勤恳恳工作的“大猪”们都会愤愤不平，但是，小猪也别自以为得意，以为自己找到了优秀的大猪就可以前程无忧。虽然工作可以偷懒，但做小猪也需要相当的智慧，否则，小猪也做不轻松。因此，在小猪和大猪的博弈中，小猪需要注意以下几方面：

**1. 少出风头**

因为小猪能力有限，所以还是尽量少出风头，做好自己事最重要。

**2. 注意编织、维护关系网**

因为小猪工作少报酬却不少，因此，很多同事肯定心中会愤愤不平，因此，小猪们要注意精心维护好自己的关系网，平时要善于感情投资，跟同事搞好关系，让他们在关键时刻为你说话，否则你的地位便会岌岌可危。

**3. 坦诚自己的不足**

碰上看不惯你的人时，你要坦白地告诉他：我不是不想做，我是做不来呀！要不你教我几手？这样他人就会减少对你的愤恨。

其实，小猪的聪明只能用于自己的成长阶段。如果总是是甘心做“小猪”，只能吃到不多的粮食，会限制自身的发展。因此，成长为大猪，才是小猪的追求。所以，小猪要争取让大猪的实力为自己服务，增加自己的竞争力，要在“大猪”的光环外照到自己的生存空间，直到自己成长为大猪，那样就可避免非议，在猪群博弈中胜出。

## 结交比你优秀的人

比尔·盖茨曾说过：“有时决定你一生命运的，在于你结交了什么样的朋友。”犹太人对此有形象的比喻：“和狼生活在一起，你只能学会嚎叫。”的确，人在好的环境生活，有利于自己的发展。结交朋友也是一样，多和比自己优秀的人来往，更有助于成才。和优秀的人接触，你就会受到良好的影响，耳濡目染，潜移默化，成为一名优秀的人。

当人们在谈论被称为“股神”的巴菲特时，常常津津乐道于他独特的眼光，独到的价值理念和不败的投资经历。其实，除了投资天分外，巴菲特很早就知道去寻找能对自己有帮助的贵人，这也是他的过人之处。

巴菲特原本在宾夕法尼亚大学攻读财务和商业管理，在得知两位著名的证券分析师——本杰明·格雷厄姆和戴维·多德任教于哥伦比亚商学院后，他辗转来到商学院，成为“金融教父”本杰明·格雷厄姆的得意门生。大学毕业后，为了继续跟随格雷厄姆学习投资，巴菲特甚至愿意不拿报酬，直到巴菲特将老师的投资精髓学成后，他才出道开办了自己的投资公司。

人的一生看似和许许多多的人在打交道，但无论你的圈子有多大，真正影响你、驱动你、左右你的，一般不会超过九个人，甚至更少，而通常情况只有三四个。你身边那几个人影响着你的利益得失，左右着你的思想感情，所以，人首先要慎重选择身边的朋友。

生活中，很多人都有一种自卑心理，他们对于那些地位比自己高，能力比自己强的人越是不肯去结交。反而总是乐于和比自己差的人交际。一方面担心自己会相形见绌，一方面担心别人议论自己爱抬高门槛。与不如自己的人交际，的确能使心中产生某种优越感。可是，仅仅满足于自己心灵上的慰藉是十分短浅的见识，因为从这些不如自己的人身上你很难学到一些有益的东西。要想往高处走，必须获得优秀朋友给自己的刺激，以助长自己的勇气。一个有能力的朋友不仅是我们的良伴，也是我们的老师。他们能指引你一条畅通无阻的大道，在奋斗的路途中少走弯路。即便你因为失败而灰心丧气时，他们也不忍坐视你的颓丧，反而会鼓励你重新站起。因此，编织自己的人脉网时，需要有意识地结交那些比自己优秀的人，这样才能增强你在生存博弈中制胜的概率。

当然，优秀的人并不一定都是成功人士，只要他们在某一方面比你优秀，你需要根据每个人的爱好、欣赏的角度、追求的过程、享受的结局去选取。或者是能力，或者是品质，或者是性格优势等，这些都可以看作是优秀的人。

当然，与优秀人物打交道，除了做好必要的知识储备和物质储备外，关键是保持良好的心态。

### 1. 战胜自卑

一个普通人要与一个优秀的精英人物缔结友情，是相当困难的事。因此，你首先需要战胜自己忐忑不安的自卑和恐慌心理。尽管你可能屡次遭遇人家不理你的现象，但是这很正常，毕竟“门不当户不对”吗？重要的是自己看得起自己，适当调整自己的心态。鼓起勇气，有屡败屡战的信念。

环顾我们身边那些事业成功的人，你会发现，他们共同的特点就是敢于去结交比自己优秀的朋友，他们敢于大胆地去表现自己。一旦当他们结交了那些优秀人士之后，他们的形象开始改变，行为开始改变，命运也开始改变。

一位推销员曾经造访一家企业的总裁。但是，当他进去后，无意中转身从门缝中看到，自己的名片被总裁扔进了垃圾桶。

这位朋友并没有就此离开，他打电话告诉总裁：“我可以取回名片吗？”

总裁感到有些意外，接着便找借口说找不到他的名片了。这时推销员又拿出一张名片，很有礼貌地说：“请将这张名片送给总裁先生，希望他保管好。”

正是这种机智和坚韧使得他成功地获得了一次见面的机会，并最终获得了一份保险大单。

制造与优秀人物深入交谈的机会既需要深思熟虑，有意识地创造机会，也需要见机行事，迎难而上。

### 2. 设法与你崇拜的人接近

一条高端人脉的建立，往往胜过十条普通的人脉。与处于高端的人物正确交往，是拓展人脉的重中之重。

有一位初出茅庐的小伙子自创一套认识名流的方法。每次出差，尽可能地选择头等舱。尽管为此他需要自己支付大笔差旅费，但因此他却获得了可以和一流人士接触的机会。由于在飞机上空间相对封闭，又无事可做，所以对方通常都不会拒绝，可以好好聊上一阵。

通过这种方式，他认识了不少顶尖人物，对他后来事业的发展提供了非常巨大的帮助。

当然，你还可以将你所在城市的著名人士列出一张表，再将会对你的事业有所帮助的人也列出一张表，之后就是每星期去结交一位这样的人。如果你在拓展人脉过程中，就会有幸结识一些大人物，如政府高官、公司总裁、媒体精英等，交往时一定要注意把握好这些人脉，适当利用。

**3. 表现自己优秀的一面**

即便是优秀人物也不是对谁都肯施舍友情的，毕竟他们的时间有限。因此，要学会换位思考，想一下他们凭什么愿意和你交朋友，你能给他们带来什么好处。

在拜访他们时要尽量表现自己优秀的一面，让他们发现你的独特之处，或者是趣味相投，或者是能给他带来快乐，或者是感觉你有潜力可挖等。总之，首先让他们看中你，才会想办法帮助你。帮助你不但能使对方感到高兴，而且也会鼓励你战胜困难的勇气。

**4. 注意双赢的心态**

凡是结交优秀人物的人，很多人是想从他们那里得到帮助。可是，若是你一直在他身边谈自己的利益，会让他认为你唯利是图。而如果你在他面前从来不谈利益，反而也会让他对你产生戒心。因此，最好的办法，就是让对方听到或看到你所做之事与他有着紧密的利益关系。如果你能以双赢的心态跟他交流，那是再好不过了，他会觉得你这个人有交往价值。

**5. 多听少讲**

与优秀人物交流时，你当然可以以合适的方式引导他们说一些你最关心的话题。但是，千万不要抢话，要把时间留给他们，这样他们会觉得你懂规矩、彬彬有礼，而且你也可以学到更多的东西。

**6. 少在别人面前炫耀你们的关系**

结识优秀人物往往会引起别人的关注。如果你经常吹嘘自己和大人物的关系如何密切，就会让大人物反感，认为你人品不好。不可以得意忘形，以为就此可以攀龙附凤而不可一世的态度，要注意处世低调。

总之，结交优秀人物是人之常情。因此，不用因为害怕别人的流言蜚语。与优秀的朋友交往是一种幸福，可以让自己得到更高层次上的、精神上的愉悦。在人生道路上如果能够多结交几个优秀的朋友，会让自己的人生更精彩，更充实，更丰富。因此，拿出勇气和智慧，与优秀人物交往、沟通，不断地从内在和外在两个方面提升自己，有一天，自己也会迈入优秀之列。

## 借得春风灌绿洲

有经济学者说："实力不够，就自己做车厢，挂人家的火车头。"在人生的博弈中，有些事情自己看来难如登天，在别人眼中却易如反掌。这个时候，我们要学会如何借助别人的力量，顺利实现自己的愿望。

几年前，温州有一家生产摩托车车把、闸座的小厂，其产品表面的防腐性能甚至超过了日本的企业标准，从而成为替代日本进口原件的产品。但由于该厂各方面的条件有限、实力不足，想要发展力不从心。经过长时间的思考之后，厂长觉得唯一的出路就是与其他有实力的企业合作。于是，该厂争取到了与一家著名摩托车企业的产品配套合作。两年后，双方共同出资建立了一家摩托车配件有限公司。

随后，小厂利用赚到的钱，不断地进行扩张，产品由原来的摩托车车把、闸座一类产品，发展到了轮毂、油箱……直到生产整车。时机成熟后，它脱离了与大企业的合作关系，成了一个独立的摩托车整车生产企业。

小厂选择与大企业合作无疑是明智之举。在一条产业链中，小公司的位置相对来说较低，因此，借助他人的优势可以迅速成长。而大公司，通过与小厂合作也能弥补自己的技术劣势。所以，无论是小厂还是大企业，在合作中都得到了意外的收获。

企业发展需要借助优秀的人，为人处世中，也需要善用对自己有利的人，借助他们的优势。当然，这是一件依赖于技巧和判断力的事，因此需要掌握借的艺术。

### 1. 清楚需要借什么

首先，你需要借的东西是自己不具备，而且是急需派上用场的。如果你借的是对自己无用的东西，别人会怀疑你别有用心；如果你借来不是急用的东西，那就降低了他人资源的使用率。因此，明白这两点是借的最基本最必要的条件。

### 2. 明确借的对象

在你的人脉网中，肯定有很多优秀的人。可是，并非那些优秀的人都肯向你提供帮助，那么，什么样的人才能帮助你呢？这就需要明确借的对象。

许多大学生在毕业后想要创业，于是便找风险投资商去借钱，这无疑是找错了门。这些风险投资商一般看到的都是高科技、高利润、回收快的项目。大学生多是白手起家、小本创业，创业门槛低，大多数都没有什么高科技可谈。因此，找这些资本家投资家借钱成功率很低。

找对自己要借的人，可以说是成功一大半了。

### 3. 讲究借的方法

其次，要讲究借的方法。比如，有的人天生就不会说“不”，对这样的人，不必用任何手段与心机。而对于那些口口声声说“不”的人，则需要花费你的心智和谋略。与这类人交往的时候，时机的选择很重要。如果别人没有看穿你的意图，那么，你就要在他心情愉快、灵魂与肉体都觉得惬意的时候说出你的请求。

### 4. 掌握借的分寸

借，当然不能狮子大开口，但是也不能因为要借对方的资源而对对方言听计从，失去自我。特别是女性，在需要借助男人的帮助时，更要掌握借的分寸感。在这方面，英王伊丽莎白很巧妙地掌握了这个艺术。

伊丽莎白作为英国最高的统治者，在妙龄时期一直未婚，因此成了许多国家王公贵族们追求的对象。为了得到这位“童贞女王”的青睐，一些胆大妄为的家伙想尽各种办法来诱惑她，但她总能很好地把握对待他们的分寸。

当时，英国与西班牙发生了领地归属问题，英国需要和法国结盟。法国国王两个兄弟都年轻英俊而且未婚，他们也有意于伊丽莎白。因此，英国人认为这是女王婚嫁的大好机会。

而事实是，伊丽莎白既让他们每个人都抱有殷切的希望，让他们围绕在她周围听她的调遣，但又没有任何实质举动。直到英法两国签订了和平条约，伊丽莎白才很礼貌地拒绝了他们。

至此，两兄弟才明白伊丽莎白是借助了他们的力量来说服哥哥和英国结盟。但是，木已成舟，悔之晚矣。

伊丽莎白巧妙地借助对方的力量，既没有让自己委曲求全，又为自己的国家化解了危机。

### 5. 主动给对方贴金

既然是借，当然借的内容有很多，可以是借钱，也可以是借名、借实力。可是，当你身无分文，没有什么知名度时，要想借到对方的钱是很难的，对方也不一定会同意和你合作。这时，你怎么办？可以主动给对方贴金。

这绝对不是单纯地巴结对方，而是借助对方的名气来提升自己。在这方面，蒙牛的成功借术值得学习。

蒙牛在刚启动市场时，只有区区一千三百多万元的资金，与伊利、草原兴发这些大企业相比不过是个小厂，为此，蒙牛打出了“为别人做广告”的决定，将“为民族争气、向伊利学习”“争创内蒙古乳业第二品牌”“千里草原腾起伊利集团、蒙牛乳业——我们为内蒙古喝彩”等广告打在自己产品包装上，事实上，这些广告看似是对伊利的赞赏，却使蒙牛和乳业第一巨头伊利并驾齐驱，在消费者心里留下深刻印象。

实际上，伊利等大品牌是蒙牛难望其项背的，但蒙牛通过广告使自己与对方平起平坐，使消费者感觉蒙牛与这些品牌一样也是名牌，无疑提升了自己的知名度和档次。

总之，在人生的博弈中中，只要你头脑灵活，善于思考借术，就能借助外在的力量，不但能顺利达到自己的目的，也会赢得多方皆大欢喜的局面。

## 借助对手的力量化解危机

借，不仅可以向自己的人脉圈中亲朋好友借，志同道合的人借，也可以借助对手的势力和资源。特别是当对手比你强大时，要善于顺水推舟，借梯登高，化解危机。

唐玄宗时，姚崇和张说同朝为相，两人经常明争暗斗，互不相让。

后来，姚崇患了重病，日甚一日，知道自己不久于人世，担心张说报复自己的儿孙，临终前就把几个儿子叫到床前，说："有些话必须跟你们说一下。张丞相与我同朝为官多年，言来语去，多有摩擦。一死万事休，这对我没什么，但如果他罗织罪名，我一旦获罪，肯定会株连你们。"

几个儿子听后心情很不爽，于是问父亲应该怎么办？姚崇缓缓说道："我死以后，张丞相必以同僚身份前来吊唁，你们多拿一些我平生喜欢的东西，如各种宝器陈列到帐前。如果他看不到这些东西，恐怕全家人都会遭到他的迫害；如果他注意这些东西，你们就将这些东西送给他，然后请他撰写我墓碑的碑文。得到他写的碑文以后，立即就上报给皇帝，并先将石料准备好备用，尽快镌刻。这样盖棺论定谁也改变不了了。"

儿子们一听父亲言之有理，因此在姚崇死后依计而行。开始，张说得到了自己喜欢的宝器很是满意，为表感激也答应了为姚崇撰写碑文，当然免不了赞扬一番。可是，一寻思又觉得不对，姚崇与自己素来相争，怎能突然大发慷慨之心呢？等他醒悟过来索要所写的墓碑时，得到的回答是：生米已做成熟饭，皇帝都同意了。张说后悔不已。但皇帝都对姚崇的碑文认可了，自己怎能推翻这些，冒天下之大不韪呢？因此也无法嫁祸于姚崇的儿子们。

姚崇的聪明就在于善于借助对手的力量，"因人之性，借人之手"，达到制人的目的。

在人生的博弈中，每个人都不会处于全部优势地位，即便自己能处于暂时的优势也不能保证自己的儿孙后代都能处于优势地位。当我们面对着自己的优势丧失，对手会乘机反扑的时候，要明白自己有哪些可以让对手利用的资源，投其所好，或者进入第三者来制衡对方。这样，就可以化解即将面临的困境。

有时，能力强的人不一定就能胜出，处于劣势的也不一定就无出头之日。就看你善借不善借。即便是你的冤家对手，说不定也会帮你的大忙。这就是混沌博弈的另一面。因为万事万物都是有联系的，假如有第三方制衡，对手的计谋就不一定能实现。也许会成为你命运的转机。

当然，像这种偶然的幸运是很少的，因此，当对手的资源繁多的时候，需要审时度势、巧谋善断。

在中国历史上，懂得借助竞争对手智慧的人不在少数。最典型的是清朝的孝庄太后借助多尔衮的势力。

清朝顺治年间，年幼的福临在北京登基后，野心勃勃的多尔衮从来就没有放弃过自己的称帝梦想。因此，年轻的孝庄皇太后忧心忡忡。多尔衮能征善战，政治经验丰富。他利用手中的军政大权结党营私，打击异己，大皇子豪格被幽禁致死，济尔哈朗一夜之间就成了草民。眼看福临的帝位岌岌可危，孝庄太后怎能不担心？以他们孤儿寡母的力量，要想牵制多尔衮难上加难。

怎么办？面对这种情形，孝庄做出了惊人之举——下嫁多尔衮。就这样，摄政王多尔衮成了幼帝的继父。皇太后公然下嫁后，多尔衮拜倒在了孝庄的石榴裙下，一时忽略了志在必得的无上皇权，全力辅佐年少的皇帝。孝庄皇太后以此举保证了母子平安，也保持了朝廷政局的稳定。

对孝庄太后来说，多尔衮虽然英俊强悍，但是，她追求的不是浪漫的爱情，而是从权力博弈的角度考虑的权衡，是“小猪”借“大猪”来化解危机的博弈之道。与多尔衮联姻，既能消除政治上最大的竞争对手，又可以借助对手的实力稳固自己的地位。因此，孝庄才运用这种借术。当然，一旦时机成熟，还要制服多尔衮。

等顺治帝的地位稳固后，顺治七年十一月，多尔衮因打猎跌伤后，马上就被人告发要谋逆。此时，顺治和孝庄一不做二不休，马上对多尔衮治罪。至此，再也没有外在力量威胁顺治的皇位了。

在孝庄病死后，也许是因为觉得下嫁愧对前夫，没有与其合葬，遗命葬于东陵，但是，在清朝的历史上，在女性政治家中，孝庄太后无疑都是审时度势、智慧果断的人物。

也许你会说，孝庄这是感情博弈，利用了女性的优势。其实，不论男人还是女人，运用感情的力量在博弈中都是不可忽视的。即便在借助对手的资源和实力时，如果你能用感情征服人心，也会赢得命运的转机。虽然大多数人的行为都有目的性，都是为了得到一定的利益，但毕竟，人类是感情动物。

在韩信和刘邦的这场君臣博弈中，韩信之所以不背叛刘邦，是念刘邦对他的恩情而不忍。刘邦深知自己的缺点，知道自己的能力有限，就必须借助其他人的能力。因此，刘邦不爱金钱、不惜封赏。这些都深深打动了部下。当别人劝韩信谋反时，韩信念及刘邦对自己的厚爱，竟然不忍下手。在韩信看来，自己所得到的都是刘邦给自己的，自己欠刘邦的，因此一直惦记着如何报答刘邦，更不用说回去反刘邦。如此，在下一次的合作博弈中，刘邦在感情上就占了先机。

由此可见，要借助对手的实力除了利益外，也可以运用情感的力量来打动对方。一旦人心被打动，帮助你也就是自然而然的事了。

总之，人的一生，谁都难免会碰到一些左右为难的困境，不论是在感情的选择上还是在事业的选择上。此时要冷静考虑。当自己或者自己的同盟军都没有什么可以支持帮助自己的时刻，不妨借助对手的力量。当然，这种选择的前提是以大局为重，充分权衡各方得失，而不是感情用事。

当然，借助对手的力量在于提高自己的实力，只有提高自己的实力才能制衡对方。即便当时的结果不能称心如意，也能一步步地摆脱困境，日后总有反败为胜的机会。所以，当竞争的各方都足够重视你的存在和你的意见时，你的影响力就提升了。此时，你就成为强势的一方，博弈局势会向着有利于你的局面而转变，也许他人反而要借助你的优势了。

## 资源共享，在更高的平台上实现跨越

在20世纪30年代，英国送奶公司送到订户门口的牛奶既不用盖子也不封口。于是，就便宜了那些麻雀和红襟鸟，它们可以很容易地喝到凝固在奶瓶上层的奶油皮。

后来，牛奶公司接到用户的投诉后开始把奶瓶口用铝箔纸封起来。但不久仍然出现这种现象。原来，麻雀仍能用嘴把奶瓶的锡箔纸啄开。然而，红襟鸟却一直没学会这种方法。

这是为什么呢？原来，麻雀是群居的鸟类，当某只麻雀发现了啄破锡箔纸的方法，就可以教会别的麻雀。而红襟鸟喜欢独居，不喜欢沟通。因此，就算有某只红襟鸟发现锡箔纸可以啄破，其他的红襟鸟也无法知晓。

古代有两个猎人。当地的猎物主要有两种：鹿和兔子。如果一个猎人单兵作战，一天最多只能打到4只兔子。两个一起去能猎获一只鹿。从填饱肚子的角度来说，4只兔子能保证一个人4天不挨饿，而一只鹿却能让两个人吃上10天。这样两个人的行为决策可以形成两个博弈结局：分别打兔子，每人饱食4天；合作，每人饱食10天。

显然，两个人合作猎鹿的好处比各自打兔子的好处要大得多，但是要求两个猎人的能力和贡献相等。如果一个猎人的能力强、贡献大，他就会要求得到较大的一份，这可能会让另一个猎人觉得利益受损而不愿意合作。因此，在为人处世的博弈中要学会充分照顾到合作者的利益，与对手共赢。

米歇尔是一位刚刚在电视上崭露头角的青年演员，他需要有人为他包装和宣传以扩大名声。不过，要建立这样的公司，米歇尔拿不出那么多钱聘用高级雇员。

偶然的一次机会，米歇尔遇上了莉莎。莉莎在纽约一家公关公司，但她很不得志。一些比较出名的演员、歌手、夜总会的表演者不愿意同她合作，因为信不过她的能力。

但是，米歇尔和莉莎相遇后，俩人都坦诚地说明了自己的优势和劣势，以及目前困扰自己的问题。结果，他们发现，两个人结合起来就可以弥补自己的缺陷。和米歇尔合作，可以提高莉莎的地位。而莉莎娴熟自如的公关手段可以弥补米歇尔在这方面的不足，关键是不用米歇尔投资，一切都是莉莎运作。于是他们一拍即合，把两个人拥有的资源都无偿贡献出来，重新排列组合。结果，他们的合作达到了最佳境界。莉莎让自己熟悉的那些较有影响的报纸和杂志把眼睛盯在米歇尔身上。

这样一来，两个人的优势互相结合，米歇尔借助莎莉提供的媒体平台马上出名了；而莉莎呢，借助米歇尔的实力和名气构筑的平台，收入和声望也都得到提高，甚至一些有名望的人甚至纷纷邀请莉莎做他们的代理人。这样一来，两个人随着名声的增长，在娱乐圈始终处于有利的地位。

在当今市场条件下，一个人能否取得成功，不在于拥有资源的多少，而在于整合资源的能力。任何一个人、一个组织都不可能具备所有资源。你可能有技术而没有好的项目，你也可能有好的项目而没有资金，你还可能懂经营会管理而没有资金、技术和项目，因此，学会资源共享和整合就显得特别重要。

人与人之间，团队与团队之间，国家与国家之间，只有通过联盟、合作、参与等方式使他人资源变成自己的资源，增强竞争能力。只有资源共享才会有合作，只有好的合作才会有更好的发展。目前在世界上比比皆是的企业强强联合就很接近于猎鹿博弈，这种强强联合带来的结果是资金雄厚、生产技术先进、在世界上占有的竞争地位更优越，发挥的影响更深远。

在宝钢与上钢的强强联合中，宝钢有着资金、效益、管理水平、规模等各方面的优势，上钢也有着生产技术与经验的优势。两个公司实施强强联合后充分发挥各方的优势，搭建了一个更大的平台，两个公司也可以在更高的起点上超越自我，超越行业对手，发掘更多更大的潜力。

在人生的博弈中，不论你面对的是恶劣的自然环境还是激烈的市场竞争，一定要提升自己的合作能力和资源整合的能力。只有把自己的资源与他人充分共享，才能取他人之长而补己之短，互相构筑起一个更高的平台。这样一来，双方都可以在这个高起点的平台上实现跨越和腾飞，这也是正和博弈最终要达到的目的。